Heike Egner

Theoretische Geographie

Geowissen kompakt

Herausgegeben von
Hans-Dieter Haas

Heike Egner

Theoretische Geographie

Die Deutsche Nationalbibliothek verzeichnet diese Publikation
in der Deutschen Nationalbibliografie;
detaillierte bibliografische Daten sind im Internet über
http://dnb.d-nb.de abrufbar.

Die Herausgabe des Werkes wurde durch
die Vereinsmitglieder der WBG ermöglicht.
Redaktion: Katrin Kurten
Satz: Lichtsatz Michael Glaese GmbH, Hemsbach
Einbandgestaltung: schreiberVIS, Seeheim
Gedruckt auf säurefreiem und alterungsbeständigem Papier
Printed in Germany

Besuchen Sie uns im Internet: www.wbg-wissenverbindet.de

ISBN 978-3-534-22846-1

Inhalt

1 Einleitung: Wozu Theoretische Geographie?

Geographie als empirische Wissenschaft

Die Geographie als wissenschaftliche Disziplin ist aus ihrem Selbstverständnis heraus eine stark empirisch geprägte und vorwiegend an Problemen orientierte Forschungsrichtung. Das hat auch historische Gründe, denn der klassische Auftrag der Geographie war es, etwas auf der Erde Gesehenes (etwa in fernen Ländern oder unbekannten Regionen) detailliert zu **beschreiben** und zu **ordnen** (Geographie nach griech. *geographia* = Erdbeschreibung). Heute hat sich der Auftrag der wissenschaftlichen Geographie selbstverständlich erweitert – es geht um **Analyse** und **Interpretation**, um **Prognosen** und **Handlungsempfehlungen**. Dennoch versteht sich die Geographie im Wesentlichen als „angewandte Wissenschaft", aus ihrem Selbstverständnis heraus geht es ihr um die „reale" Welt und um Probleme in dieser „realen" Welt und damit weniger um ein Nachdenken über die Welt. Das mag der Grund dafür sein, warum wir uns in der Geographie nur selten fragen, was das eigentlich ist: die Welt, die Realität, mit der wir uns beschäftigen.

Realität?

Woher wissen wir, wann wir eine **„wahre" Aussage** getroffen haben, wann wir etwas **„richtig" beschrieben** oder **„richtig" analysiert** haben? Die Messlatte zur Überprüfung der Richtigkeit von Ergebnissen oder Aussagen wäre die „Wirklichkeit" selbst, aber woher wissen wir von ihr? Wann haben wir sie richtig getroffen, wann erreicht? Die Frage ist also: Welche Möglichkeiten des Zugangs zur Welt außerhalb unsers Bewusstseins haben wir?

Propädeutikum

Dies ist eine der Fragen, die in ein wissenschaftstheoretisches Propädeutikum (d.h. Einführung in unabdingbare Kenntnisse vor dem Studium) am Anfang jeglicher wissenschaftlicher Bildung und Ausbildung für Natur-, Sozial- und Geisteswissenschaften gehören. Für eine **Einordnung der eigenen Erkenntnisse** in einen größeren Kontext einerseits und andererseits für das **Wissen um die Relativiertheit** der eigenen Position ist es unabdingbar, sich mit Fragen der **Ontologie** (der Wissenschaft von den Grundstrukturen der Realität) und Fragen der **Epistemologie** (Erkenntnistheorie) zu konfrontieren. Warum tue ich das, was ich tue (z.B. die Anwendung einer bestimmten Methode oder Theorie)? Und warum tue ich es in dieser Weise? Welche anderen Möglichkeiten gibt es? Welche Erkenntnis ist mit meiner Vorgehensweise möglich? Wo liegen die Grenzen und worin bestehen die Potenziale? Das eigene Denken und die wissenschaftliche Arbeit bergen durchaus Überraschungen, die sich durch diese Fragen entdecken lassen.

Theoretische Geographie

Die starke Anwendungsorientierung der Geographie mag auch der Grund dafür sein, warum es bislang **keine** „Theoretische Geographie" als **Teildisziplin** des geographischen Wissenschaftskanons gibt. Zwar werden theoretische Grundlagen des Faches in vielen Lehrveranstaltungen – meist als Gegenstand einer der ersten Sitzungen – behandelt, allerdings bleibt es vielfach allein bei einer Darstellung der historischen Entwicklung der Teildisziplinen. Teilweise werden auch in einer oder zwei Sitzungen Aspekte der Erkenntnistheorie und der „guten wissenschaftlichen Praxis" angesprochen. Eine konzentrierte Beschäftigung mit grundlegenden Fragen jeder Wissenschaft findet sich (nach meiner Kenntnis) jedoch **in kaum einem Cur-**

riculum, weder für das auslaufende Diplom- und Magisterstudium noch für die Bachelor- und Masterstudiengänge. Das vorliegende Einführungsbuch bildet eine Grundlage für diese Aspekte der Lehre und möchte dazu beitragen, dass (wissenschafts-)theoretische Grundlagen der Geographie zu einem **festen Bestandteil** geographischer Bildung und Ausbildung werden.

Was erwartet Sie und was nicht?

Man kann erwarten, dass Lehrbücher **gesichertes Wissen** einer wissenschaftlichen Disziplin vermitteln, und in diesem Sinne mag die Erwartung sein, dass es hier um die Vermittlung etablierter Fachtheorien (z.B. Standorttheorien, zentrale Orte oder Prozesstheorien der Geomorphologie usw.) gehen wird. Diese Erwartung wird bei dem vorliegenden Band enttäuscht werden und der Grund dafür liegt in der inhaltlichen Ausrichtung dieser „Theoretischen Geographie“. Es wird, vor allem in Kapitel 2, weniger um die detaillierte Darstellung von Fachtheorien gehen, als vielmehr um die **erkenntnistheoretischen Grundlagen** jeglicher wissenschaftlicher Arbeit und damit sozusagen um **meta-theoretische** (über den Fachtheorien liegende) **Überlegungen**, die die Basis für eine fundierte Anwendung und Weiterentwicklung von Fachtheorien bilden. Die Suche nach den Grenzen und Potenzialen wissenschaftlichen Erkennens steht einer Vermittlung von „gesichertem Wissen“ diametral gegenüber. Die Inhalte dieses Einführungsbandes sind gleichsam aller Auseinandersetzung mit Fachtheorien vorgeschaltet: Es geht um das, was man wissen sollte, um eine Fachtheorie in ihren Möglichkeiten und ihrer Tragweite einschätzen und somit begründet für das eigene Forschungsinteresse annehmen oder ablehnen zu können. In diesem Sinne ist diese „Theoretische Geographie“ zugleich eine **„Geographie der Theorie“**, da mit ihrer Hilfe eine Orientierung und Verortbarkeit des eigenen Standpunktes im Zusammenhang mit Theorien möglich wird.

Aufbau des Lehrbuches

Den Grundstein für eine Beobachtung des eigenen (wissenschaftlichen) Tuns legt Kapitel 2 mit den Ausführungen über die wissenschaftstheoretischen Grundlagen für die Geographie, mit Fragen nach den Möglichkeiten von Beobachtung, Wahrheit und Kausalität. Darüber hinaus bedarf es für ein **Verständnis des eigenen wissenschaftlichen Denkens und Handelns** auch der Kenntnis der **Strukturen der Wissenschaften**. Denn nicht alles kann und darf zu jeder Zeit gedacht und erforscht werden. Für die eigene Verortung innerhalb des Faches ist es notwendig, die gültigen **Paradigmen** (d.h. wissenschaftlichen Strukturen und aktuellen Theorien) zu kennen und sich insbesondere des eigenen Paradigmas bewusst zu werden, in das man gleichsam „hineinsozialisiert“ (Weichhart 2004, S. 14) wird. Gleichzeitig ist Wissenschaft weder losgelöst von Herrschaftsstrukturen, die sich vor allem über die Finanzierung von Forschung und Bildung ausdrücken, noch als unbeeinflusst von Ethik und Moral der Forschenden zu denken. Das ist das Thema von Kapitel 3, das zunächst in den theoretischen Rahmen von Paradigmen und Forschungsprogrammen einführt und dann den Fragen nachgeht, wem die Wissenschaft eigentlich dient und welchen Einfluss moralische Überlegungen in der Wissenschaft haben (oder haben dürfen, sollen?). Den Abschluss bildet ein genauerer Blick auf die Paradigmen in der Geographie.

Anschluss und Ausschluss mit anderen Lehrwerken

Entsprechend ihrem Selbstverständnis als empirische und vor allem als „angewandte“ Wissenschaft, ist die Geographie mit Einführungen in die Grundlagen der Wissenschaftstheorie nicht gerade reich gesegnet. Die letzte Einführung in die Wissenschaftstheorie für die Geographie, die in Buchform veröffentlicht wurde, stammt aus dem Jahr 1973 (Hard 1973). **Gerhard Hard** setzt sich darin (ganz zeitgemäß) kritisch und intensiv mit dem kurz zuvor (auf dem Kieler Geographentag 1969) **zum Untergang verurteilten Landschaftskonzept** auseinander (siehe auch Kap. 3.2) und blendet dabei bewusst eine Einführung in allgemeine wissenschaftstheoretische Überlegungen aus. Diese Lücke füllt **Hans Heinrich Blotevogel** etwa ein Viertel Jahrhundert später mit einem eher informell zirkulierenden **Diskussionspapier** über „Konzepte der Wissenschaft und ihre Bedeutung für die Geographie" (vgl. Blotevogel 1997). **Axel Borsdorf** richtet in seinem gut etablierten Lehrbuch „Geographisch denken und wissenschaftlich arbeiten" den Blick vor allem auf den **inneren Aufbau der Geographie** und bietet eine Einführung in die **Techniken des wissenschaftlichen Arbeitens** (Borsdorf 1999). Darauf verzichtet der vorliegende Band vollständig, greift dafür das Thema „wissenschaftliches Denken" deutlich intensiver auf und fokussiert die grundlegenden wissenschaftstheoretischen Überlegungen auf geographische Arbeits- und Themenfelder. Die beiden Bände werden sich in dieser Hinsicht sicherlich gut ergänzen.

„Theoretische Geographie"

Das erste Studienbuch mit dem Titel „Theoretische Geographie" stammt von **Eugen Wirth** aus dem Jahr 1979 und ist der Versuch einer umfassenden **kritischen Darstellung theoretischer Ansätze** der damals als „angelsächsisch-schwedisch modern" bezeichneten Geographie (vgl. Wirth 1979, S. 7). Dass der Band von Wirth bislang auch das einzige Lehrbuch zu diesem Thema geblieben ist, kann als ein deutliches Zeichen dafür gewertet werden, dass das Thema innerhalb der Geographie bislang keinen eigenen Stellenwert erlangen konnte. Daher kann man nach wie vor davon ausgehen, dass „bei der Theoretischen Geographie *nichts* zu einem irgendwie ‚gesicherten Grundlagenwissen'" (ebd., S. 8, Hervorhebung H. E.) gehört.

Ziele des Buches

Im Gegensatz zu Eugen Wirth, der mit seinem Studienbuch eine **„Theoretische Kulturgeographie" begründen** und damit einen Beitrag zur „Abgrenzung und Ordnung einer geographisch relevanten Wirklichkeit" (ebd., S. 12) leisten wollte, hat das vorliegende Einführungsbuch einen **völlig anderen Anspruch**. Es soll weder eine eigene Teildisziplin begründet noch soll eine umfassende Darstellung aller in der historischen Entwicklung der Geographie wichtigen Ansätze geliefert werden. Vielmehr liegt der Fokus und Anspruch auf einer Einführung in theoretisches Denken für die Geographie. Der Band richtet sich dezidiert **an die gesamte Geographie** (in einem weiten Sinne können sich auch LandschaftsökologInnen, KartographInnen und jegliche andere RaumforscherInnen angesprochen fühlen). Das vorliegende Buch soll

- eine **Handreichung für Studierende und Lehrende** sein, die sich mit den wissenschaftstheoretischen Grundlagen der Geographie intensiver befassen möchten. Sollten Sie sich bislang noch überhaupt nicht mit erkenntnistheoretischen Fragen auseinandergesetzt haben, interessiert Sie vielleicht ein Vorher-Nachher-Bild Ihrer erkenntnistheoretischen Positionierung. Wenn das der Fall ist, dann nutzen Sie bitte das Erkenntnistheoretische Profil (siehe Kap. 2.2.2, Tab. 1, S. 27).
- als eine **Hinführung an theoretisches Denken in der Geographie** dienen. Damit ist es gleichermaßen für naturwissenschaftlich und sozial- oder

geisteswissenschaftlich arbeitende Geographinnen und Geographen geeignet. Denn die Grundfragen der Wissenschaftstheorie bilden die Basis für jegliche wissenschaftliche Arbeit in der Geographie. Die Beispiele für die verschiedenen Aspekte wurden daher mit Bedacht sowohl aus human- als auch aus physiogeographischen Kontexten gewählt.
- als eine Einladung verstanden werden, sich durch die Auseinandersetzung mit Theorie (und den damit verbundenen Kontingenzen, d.h. Möglichkeiten und Alternativen) **inspirieren** zu lassen, das eigene Denken zu **hinterfragen** und vielleicht versuchsweise in andere Kontexte zu stellen. Das ist ein Abenteuer, für das man keine Reisen unternehmen muss.

Ich möchte Ihnen mit diesem Lehrbuch das **Werkzeug an die Hand geben**, selbst theoretisch zu denken und mit Theorien informiert und profund umgehen zu können, ganz im Sinne Heinz von Foersters ethischem Imperativ: „Handle stets so, dass sich die Zahl der Wahlmöglichkeiten erhöht" (Foerster 2002, S. 303). Nach dem Lesen dieses Bandes sollten sich Ihre **Wahlmöglichkeiten** im Hinblick auf die Auseinandersetzung mit Geographie und auf die Arbeit an und mit Theorien **erhöht haben** – das ist das Ziel.

Danksagung

Ein derartiges Buch schreibt sich nicht von alleine. Mein Dank gilt Hans-Dieter Haas, dem Herausgeber der Reihe, für sein Vertrauen, seine Unterstützung und hilfreichen Hinweise. Der *Wissenschaftlichen Buchgesellschaft* danke ich für den Mut, einen „Theorietitel" für ihre Reihe *GeoWissen kompakt* in Auftrag gegeben zu haben, sowie für das genaue und kenntnisreiche Lektorat. Teile vorab gelesen und mit Kommentaren und Kritik nicht gespart haben Kirsten von Elverfeldt, Tanja Stein, Ute Wardenga sowie Peter Weichhart, dem ich darüber hinaus für seine unerschöpfliche Diskussionsfreude und kritisch-offene Haltung mir gegenüber danken möchte, die mich immer wieder dazu zwingt, meine Argumentation im Hinblick auf Theorie und Geographie, die „Wahrheit" als strukturgebendes Element der Wissenschaft sowie einer konstruktivistischen erkenntnistheoretischen Position zu schärfen. Anton Escher danke ich für seine große Bereitschaft, mit mir die Auseinandersetzung über ungewöhnliche Themen zu suchen, was meine wissenschaftliche Entwicklung nachhaltig geprägt hat. Mein Dank gilt außerdem Peter Strunck – für alles, aber insbesondere für sein feines Gespür gegenüber jeglicher Nachlässigkeit. Es gilt jedoch selbstverständlich: Alle Fehler und Inkonsistenzen in der Darstellung sind allein von mir zu verantworten.

Und nun: Theorie und Geographie – lassen Sie sich auf das Abenteuer ein!

2 „Wahrheit und Methode" – Wissenschaftstheoretische Grundlagen der Geographie

Die Wissenschaft ist ein eigenes Teilsystem in der funktional differenzierten Gesellschaft und einem hohen Ziel verpflichtet: „Das oberste Erkenntnisziel der Wissenschaft besteht in der Findung von möglichst *wahren* und *gehaltvollen* Aussagen, Gesetzen oder Theorien, über einen bestimmten Gegenstandsbereich" (SCHURZ 2006, S. 23, Hervorhebungen im Original). Als **„gehaltvoll"** gilt dabei ein Satz, wenn sich daraus **zahlreiche logische und empirische Konsequenzen** ableiten lassen. Die Frage nach der Wahrheit einer Aussage ist dagegen nicht so einfach zu beantworten.

Ziele der Wissenschaft

Wann ist eine Aussage „wahr"? Das hängt vor allem davon ab, welcher Wahrheitsbegriff der wissenschaftlichen Suche zugrunde liegt – die **absolute Wahrheit**, eine **relative Wahrheit** (relativ wozu?) oder die **Wahrheit als struktureller Korrespondenzbegriff** (vgl. SCHURZ 2006, S. 26)? Die Wahrheit (und damit implizit die Frage nach der Wissenschaft selbst) wird uns im Laufe dieses Kapitels noch öfter begegnen, denn ihr Inhalt wandelt sich in Abhängigkeit der erkenntnistheoretischen Position (siehe auch Kap. 2.2.5).

„Wahrheit"

Wissenschaftliches Denken und Arbeiten ohne Theorien ist undenkbar. Auf der Suche nach „möglichst wahren und gehaltvollen Aussagen" benutzen wir **Theorien, Hypothesen und Modelle**, um uns den Problemen und Fragestellungen überhaupt nähern zu können und um eine Art Anleitung zu haben, wie wir bei der Datensammlung und der Analyse vorgehen können. Solches oder Ähnliches kann man in jeder Handreichung zum wissenschaftlichen Arbeiten finden.

Theorien als „Anleitung" wissenschaftlichen Arbeitens

In der Praxis entstehen geographische (Qualifikations-)Arbeiten jedoch oftmals ganz anders, darauf hatte schon GERHARD HARD vor gut dreißig Jahren hingewiesen (HARD 2003, S. 39ff., 315 ff.). Die Geographin oder der Geograph zieht los (oder wird von der betreuenden Person der Arbeit losgeschickt), um sich **„im Gelände"** oder „im Feld" zu **orientieren** und zu schauen, was das Thema dort so „hergibt" oder ganz allgemein: **„was da so los ist"**. Dabei kann es sich um Hangrutschungen in einer bestimmten Region handeln, um eine spezifische Tourismusform in einem „exotischen" Land, um Gletscherformen in einem Hochgebirge, um Strategien von Migranten aus der „unterentwickelten" Region X im „Hochentwicklungsland" Y usw. Die bearbeitende Person kommt mit einer mehr oder minder großen Zahl an **Beobachtungen und Daten** zurück und beginnt, die **Arbeit „zusammenzuschreiben"**. Zu irgendeinem Zeitpunkt vor der Abgabe der Arbeit kommt dann in der Regel der Hinweis von der betreuenden Person, dass der empirischen Arbeit ein **theoretisches Kapitel vorangestellt** sein muss, in dem die gewählten theoretischen Ansätze und die daraus resultierenden Methoden benannt und beschrieben werden. Bei fortgeschrittenen Arbeiten (Dissertationen oder anderes) entfällt dieser Hinweis, da diese Vorgehensweise als „gelernt" vorausgesetzt werden kann.

Geographische Praxis

Diese Praxis impliziert, dass in der Geographie weder für die **Formulierung der Fragestellung** noch für die **Operationalisierung** (also für die Umsetzung der Fragestellung in ein Forschungsdesign und die Wahl der Metho-

Notwendigkeit von Theorie?

den) oder die **Datensammlung** Theorie notwendig ist. Das Resultat sind Arbeiten, die ein mehr oder minder akribisch und detailliertes empirisches Fallbeispiel beinhalten, aber mit dem vorangestellten „Theorieteil" wenig bis gar nichts zu tun haben. Dass dies nichts Neues ist, zeigt folgendes Zitat:

> „Die Geographie ist lange der Stein des Anstoßes und des Aergernisses für viele Schulen und Schulmänner gewesen, weil man nicht recht wusste, was man aus ihr machen sollte. Da man dies hier und dort bis jetzt noch nicht weiß, so musst die Geographie noch oft mit Recht und Unrecht, je nachdem sie getrieben wird, den Vorwurf des *rohen Materialismus, des geistlosen Realismus* hinnehmen. Zwar ließe sich dieser Tadel, der namentlich von den Gymnasien ausgeht, auf diese selbst zurückwerfen, [...]; aber dennoch ist [...] die Geographie von einer *Vorliebe für Gedächtniskram* nicht ganz frei zu sprechen, weshalb in ihr gerade eine Reform nöthig ist. [...].
> Etwas Geographie sollte jeder Gebildete verstehen, er soll mehr oder weniger in der Welt Bescheid wissen, soll eine Zeitung lesen und erzählen können, was es hier und dort Sehenswertes giebt. Die Geographie wird somit ein Ragout aus allen Wissenschaften, die es auf Gottes Erdboden giebt. Was nirgends Unterkommen findet, wird in der Geographie unter das Dach und Fach irgend eines Paragraphen gebracht; denn hier ist von Sonne und Mond, von Käfern und Sonnensystemen, von Thermometern und Buddaismus, von Kamschadalen und venetianischen Gondelführern, vom Indigo und vom Porzellanthurm, von Luft und Gesteinen, von Fabriken und Mosquitos die Rede; von Pyramiden und Termiten, vom Walfischfange und Lederbereitung, von Göthe und Vitzliputzli wird in bunter Reihe unterrichtet, wie es die zufällige Aufeinanderfolge des Raumes gerade mit sich bringt. Keine Hanswurstjacke kann aus bunteren Flicken bestehen, als das Aeußere der Geographie" (KÖRNER 1847, S. 54, Hervorhebungen H. E., hier zitiert aus SCHULTZ 2003a, S. 81).

Pointiert gesagt, hat sich seit dem Jahr 1847, in dem FRIEDRICH KÖRNER dies über die Geographie als Unterrichtsfach publizierte, nur geändert, dass wir nun wissen, dass auch in der Geographie zu einer wissenschaftlichen Arbeit ein theoretisches Kapitel vorangestellt gehört. Vor diesem Hintergrund stellt sich die Frage, **wozu in der Geographie überhaupt Theorien notwendig sein sollen**, wenn wissenschaftliche Arbeiten offensichtlich ohne theoretische Vorüberlegungen und Entscheidungen geschrieben werden können. Das folgende Kapitel stellt daher zunächst die Frage „Wozu Theorie?" und soll dazu beitragen, zu einem frühen Zeitpunkt der wissenschaftlichen Arbeit eine *begründete Wahl* für (oder gegen) bestimmte Theorien treffen zu können.

2.1 Wozu Theorie? Grundlagen der Wissenschaft

Verstehen als Ziel

Theorien dienen dazu, die Ziele der Wissenschaft verfolgen, ja sie überhaupt handhabbar machen zu können. Eines der wesentlichen Ziele wissenschaftlicher Arbeit bei der Suche nach wahren und gehaltvollen Aussagen oder Theorien ist es, Verstehen zu produzieren und hierfür eine Ordnung in die uns chaotisch gegenübertretende Welt zu bringen. Diese Ordnung kann auf unterschiedlichen Wegen erzeugt werden.

Quantitativ-orientierte Forschung

In der überwiegend quantitativ-orientierten Forschung in den Natur- und Sozialwissenschaften wird die **„Realität“** (was immer das sein mag, siehe Kap. 2.2) nach einem **System von Regeln** nachprüfbar **in einem Modell rekonstruiert**. Diese nachprüfbaren Regeln, die in einem umfassenden Modell münden sollen, liegen in Form von Theorien vor. So fasst z. B. die Glaziale Serie eine „naturgesetzliche Abfolge von Georeliefformen im Bereich des Randes eines Gletschers“ (Leser 1998) zusammen, die im Gelände aufzufinden (und zu suchen) sind. Das ist die eine Vorgehensweise.

Qualitativ-orientierte Forschung

In einer qualitativ-orientierten Forschung dagegen geht der Versuch, eine Ordnung zu finden, eher von einem **zirkulären Verhältnis von Empirie und Theorie** aus: Die Wirklichkeit lässt sich nur anhand von Theorien beobachten, und gleichzeitig kommen Theorien nur durch empirische Beobachtung zustande. So führt erst die Annahme, dass die ethnische Herkunft bei einer wirtschaftlichen Tätigkeit eine Rolle spielt, zu der gezielten Beobachtung beispielsweise von Döner-Buden oder durch Türken geführte Gemüsegeschäfte, während diese beobachteten Befunde zu der Theorie über „Ethnic Business“ führt. Während also im ersten Fall die Empirie gewissermaßen den Prüfstein für die Theorie darstellt, bringen dem zweiten Verständnis nach beide Ebenen auf unterschiedliche Weise „Wirklichkeit“ hervor. Sowohl die quantitative als auch die qualitative Herangehensweise spielen in der Geographie eine große Rolle. Ungeachtet der Gewichtung des Verhältnisses von Theorie und Empirie, ist die Maxime des wissenschaftlichen Handelns hierbei das Kriterium der „Wahrheit“ (siehe Kap. 2.2.5).

Nützlichkeit als Ziel

Auf einer ganz praktischen Ebene zielt wissenschaftliche Forschung auch darauf ab, dass mit ihren Ergebnissen eine **Verbesserung der Lebensbedingungen des Menschen** ermöglicht wird. Die Maxime des wissenschaftlichen Handelns hierbei ist das Kriterium der „Nützlichkeit“ oder der „Mittel“ (siehe auch Kap. 3.1.3). Dabei können wissenschaftliche Ergebnisse bereits zu nützlichen Instrumenten führen, ohne dass das Prinzip dahinter verstanden wird (s. u.). Insofern sind „Verstehen“ und „Mittel/Nützlichkeit“ zwei ganz grundsätzlich verschiedene Ebenen von Wissenschaft.

Geltungsbereich von Theorien

Theorien fallen nicht vom Himmel. Sie wurden/werden erarbeitet und entstanden/entstehen **in einem bestimmten Kontext, für eine spezifische Fragestellung**. Daneben gibt es zwar auch die größer angelegte Suche nach der so genannten TOE (*Theorie of Everything*), der Weltformel, mit der alle Phänomene gänzlich erklärt und miteinander verknüpft werden können. Die Suche war allerdings bislang erfolglos und es gibt berechtigte Zweifel, dass wir die TOE jemals finden (können). Und so lange haben Theorien nur bestimmte Reichweiten, und ihre Erklärungskraft zielt auf spezifische Probleme oder Fragestellungen. Folgerichtig können Theorien auch nur in bestimmten Kontexten verwendet werden. Die Frage also**, wozu man eine Theorie verwenden sollte**, lässt sich nur über **Hilfsfragen** klären: Was sehe ich mit der Theorie anderes oder mehr, als ohne sie? In welchem Kontext ist sie anwendbar? Was bekomme ich in den Blick, wenn ich diese oder jene Theorie meinen Überlegungen zugrunde lege? Bevor wir jedoch eine Entscheidung über die Anwendbarkeit einer Theorie für eine bestimmte Fragestellung treffen können, brauchen wir Kenntnis darüber, was eine Theorie überhaupt ist.

2.1.1 Was ist eine Theorie?

Uneinheitlicher Begriff

Der Begriff „Theorie“ ist reichlich unscharf und wird zwischen sowie innerhalb der Sozial- und Naturwissenschaften ganz uneinheitlich gebraucht. So können ein **mathematisches Modell** für einen Bergsturz oder konkrete Aussagen über **empirisch beobachtbare soziale Zusammenhänge**, z.B. das kommunikative Handeln unter Unternehmensgründerinnen und -gründern in Form eines „Netzwerks“, als „Theorie“ bezeichnet werden. Aber auch **sozialphilosophische Gesellschaftsentwürfe** – wie beispielsweise in der Soziologie die „Theorie sozialer Systeme“ von NIKLAS LUHMANN –, **Zukunftsszenarien** wie die „Theorie der Individualisierung“ von ULRICH BECK oder **Universalentwürfe** aus der physikalischen Chemie wie die „Theorie dissipativer Strukturen“ von ILYA PRIGOGINE fallen unter den Begriff der Theorie (alle genannten Theorien spielen auch in der Geographie eine Rolle, siehe z.B. Kap. 3.2.3 und 3.2.4).

Definitionssuche

Sucht man nach Definitionen für den Begriff, so findet man **in der Logik** (als Lehre vom vernünftigen Schlussfolgern) den allgemeinen Hinweis, dass

> „Theorien bestimmte Systeme oder Klassen von Sätzen sind. Die Untersuchungen konzentrieren sich auf ein Studium der Ableitungsbeziehungen, die zwischen den Elementen dieser Klassen bestehen“ (STEGMÜLLER 1973, S. 2).

Folgerichtig versteht eine **für die Sozialwissenschaften** angepasste Definition unter Theorie „ein System logisch widerspruchsfreier Aussagen über soziale Phänomene“ (ATTESLANDER 1984, S. 23 – Auflage 11 des gleichen Bandes aus dem Jahr 2006 weist interessanterweise keine Definition des Begriffs „Theorie“ mehr auf). Im „Wörterbuch Allgemeine Geographie“ (LESER 1998) findet sich **keinerlei Eintrag** zu dem Stichwort „Theorie“, während das „Penguin Dictionary of Geography“ **gleich drei Definitionen** anbietet:

> „**1** in general, an organized body of ideas, an integrated system of hypotheses, put forward as the truth of something, supported by a number of facts relating to it, but sometimes resulting from speculation. **2** scientific, a structure resting on a series of steps of observations and assumptions, each supported by the preceding step, put forward to explain a particular class of phenomena. **3** a process of investigation based on logical or mathematical reasoning rather than on experiment“ (CLARK 2002, S. 421).

Zu einer definitorischen Klärung des Begriffs der Theorie kann diese Aufzählung nur marginal beitragen, denn sie verweist auf **drei völlig unterschiedliche Verwendungsaspekte** von Theorie: (1) Demnach wäre im allgemeinen Verständnis eine Theorie ein Zusammenschluss von **Ideen** (oder

Hypothesen), die mit Wahrheit zu tun haben; diese Ideen können auf Tatsachen oder aber allein auf Spekulationen beruhen; (2) in der Wissenschaft dagegen sind Theorien eine **Struktur**, die auf Beobachtung und Annahmen beruht und zur Erklärung einer bestimmten Klasse von Phänomenen dient; und schließlich (3) sind Theorien ein **Prozess des logischen Schließens** (siehe hierzu auch Kap. 2.3).

Definition Theorie

Den Begriff der Theorie zu klären scheint also keine leichte Angelegenheit zu sein. Ich bevorzuge eine ganz einfache Definition für den Begriff „Theorie", die meines Erachtens für alle Wissenschaften Geltung hat und die darüber hinaus einen Aspekt betont, der mir wichtig erscheint: **Theorien sind Annahmen über kausale Zusammenhänge**. Das heißt, beobachtete Phänomene werden über eine Theorie aufeinander bezogen und in einen Ursache-Wirkungs-Zusammenhang gebracht (zur Kausalität siehe Kap. 2.2.4). Zentral ist hier der **Begriff der Annahme**, denn Theorien sind keine Aussagen über die Realität, sondern Aussagen über Annahmen über die Realität. Dieser Punkt ist zentral, denn auch wenn es eine hohe Korrespondenz zwischen formulierten wissenschaftlichen Theorien und beobachtbaren empirischen Phänomenen gibt, bleibt die Theorie dennoch eine Theorie und damit eine Annahme über kausale Zusammenhänge. Dies berührt auch die Frage, ob und inwieweit Wissenschaft die „Wirklichkeit" überhaupt erreichen kann (siehe Kap. 2.2.2).

Theorie und Realität

Gerade bei **naturwissenschaftlichen Erkenntnissen** ist man leicht versucht, Theorien für die Realität zu nehmen, insbesondere wenn sich viele Belege für die Theorie finden lassen. So hat der Biologe Josef Reichholf aus Anlass des **Darwin-Jahres 2009** und in einem Versuch der **Auseinandersetzung mit dem Kreationismus** bemerkt:

> „Evolution ist *keine Theorie*. […] Die Evolution ist als Geschichte des Lebens ebenso *Gegebenheit* wie Erdgeschichte und Geschichte des Kosmos; *Naturgeschichte eben* und nichts anderes" (Reichholf 2009, S. 165, Hervorhebungen H. E.).

Unterschied zwischen Theorie und Objekt

In einer unmittelbaren Antwort darauf hat der Architekturwissenschaftler Wolfgang Sonne zu Recht darauf hingewiesen, dass es einen „Unterschied zwischen Theorie und Objekt" gibt, und dass

> „die Wissenschaft den Streit [mit dem Kreationismus] argumentativ nur gewinnen kann, gerade indem sie darauf insistiert, dass Darwin eine Theorie entwickelt hat" (Sonne 2009, S. 272).

Denn nur so sei es möglich, eine Aussage zu belegen oder zu falsifizieren, während für die Schöpfungsgeschichte nichts außer dem Glauben an sie spräche. Verstehen wir die **Evolutionstheorie als Tatsache und Gegebenheit**, wird die Auseinandersetzung über das Zutreffen oder Nicht-Zutreffen der Evolution oder der Schöpfungsgeschichte zu einem **Glaubenskrieg**, den – wie bei jedem anderen Glaubenskrieg – niemand gewinnen kann. Über Theorien lässt sich streiten, über Glaubensinhalte nicht.

Nützliche Erkenntnis = wahre Erkenntnis?

Die beiden ursprünglich einmal getrennten Seiten der Wissenschaft – **Verstehen auf der einen Seite** und die Mittel, die **Nützlichkeit auf der an-**

deren Seite – wurden im Laufe der Wissenschaftsgeschichte zu einem Amalgam verschmolzen, so dass der praktische Nutzen der Wissenschaft (z.B. Technik) dazu herhalten muss, wissenschaftliche Theorien für „wahr" zu halten; dies hat der Wissenschaftshistoriker PETER DEAR an vielen Beispielen aus der Naturwissenschaftsgeschichte gezeigt (DEAR 2006). Dass etwas „funktioniert", heißt noch lange nicht, dass es ein wissenschaftliches Verständnis darüber gibt oder dass dieses Verständnis „richtig" ist. Ein Beispiel:

Beispiel Newtons Gravitationsgesetz

Die Gravitation nach ISAAC NEWTON gilt gemeinhin als **„Naturgesetz"**, als eine physikalische Kraft, die **immer und überall Gültigkeit** hat. Neue Erkenntnisse über Satellitengalaxien in der Milchstraße bringen jedoch die Astrophysik in gravierende Erklärungsnöte (vgl. METZ et al. 2009, HÄNSSLER 2009; DAMBECK 2009). Diese hat bislang **viele unerklärliche Beobachtungen** in der Kosmologie mithilfe der so genannten „Dunklen Materie" erklärt. Unklar ist, ob es diese Substanz überhaupt gibt; die „Dunkle Materie" dient als eine Art **Platzhalter** für das Sammelsurium an Beobachtungen, die mit den aktuellen Theorien nicht erklärt werden können, unter anderem eben das Vorhandensein von Satellitengalaxien, in denen extrem schwache Beschleunigungen herrschen. Auch NEWTON hat in seinem Buch „Principa" von 1687 **keine Erklärung** für die Gravitation im Sinne des oben genannten „Verstehens" angeboten, **sondern allein eine detaillierte Beschreibung** geliefert, die sehr gut zu den Beobachtungen passte (vgl. DEAR 2006, S. 12). Die Theorie

> „beschreibt zwar die Alltagseffekte der Schwerkraft auf der Erde, die wir sehen und messen können. Die tatsächliche Physik hinter der Gravitation kennen wir aber noch gar nicht" (PAVEL KROUPA, Universität Bonn, und CHRISTIAN HENSLER, Universität Wien, in einer Presseerklärung über die Beobachtungen in Satellitengalaxien vom 08.05.2009, siehe UNIVERSITÄT WIEN 2009).

Es gibt also eine **gewisse Wahrscheinlichkeit**, dass wir in einem **nicht-newtonschen Universum** leben. Verlässt man NEWTONS Theorie der Gravitation, bräuchte man beispielsweise den Platzhalter der „Dunklen Materie" nicht mehr, um beobachtete Phänomen zu erklären. Es ist nicht das erste Mal, dass NEWTONS Theorie ins Wanken gerät; sie hat im Laufe der Wissenschaftsgeschichte bereits **in drei Bereichen ihre Gültigkeit verloren**: bei hohen Geschwindigkeiten (durch die Theorie der speziellen Relativität), in der Nähe großer Massen (durch die allgemeine Relativitätstheorie) und bei sehr kleinen Raumabständen (durch die Qantenmechanik).

Klassifikation von Theorien

In der Konsequenz heißt das, Theorien haben eine **bestimmte Reichweite**, sie gelten in einem **bestimmten Kontext** und in einem **spezifischen Maßstab**. Es gibt bislang keine für alle theoretischen Ansätze gültige Ordnung, die es erlauben würde, Theorien eindeutig zu klassifizieren. Für die Erklärungen gesellschaftlicher Phänomene hat der Soziologe RENÉ KÖNIG eine viel zitierte Ordnung vorgeschlagen, in der er Theorien nach dem **Maß ihres wachsenden Abstraktionsgrades** sortiert hat (vgl. KÖNIG 1973, S. 4 sowie Abb. 1):

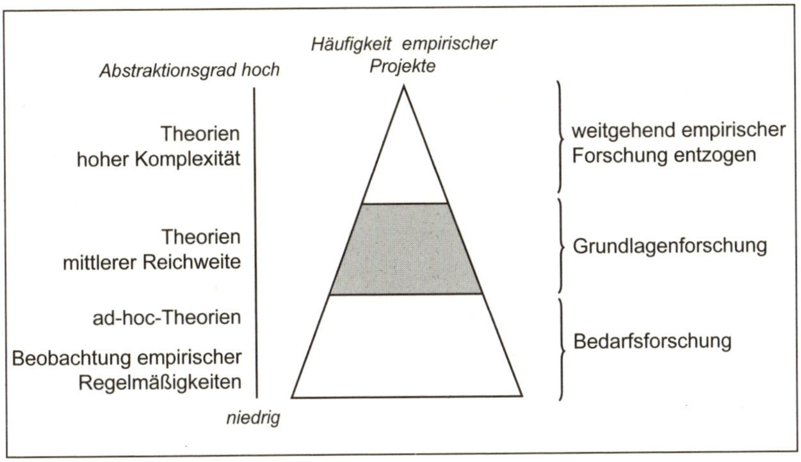

Abb. 1: Abstraktionsgrad von Theorien und Häufigkeit ihrer empirischen Überprüfung (leicht verändert nach ATTESLANDER 2006, S. 30)

- Demnach ist die **bloße Beobachtung von empirischen Regelmäßigkeiten** nur eine deskriptive Feststellung von Erscheinungen; sie lassen in der Regel eine auch nur teilweise Erklärung (Theorie) über das Entstehen der beobachteten Regelmäßigkeit vermissen.
- Dagegen erlauben **ad-hoc-Theorien** zeitlich-räumlich eingegrenzte Aussagen über bestimmte Erscheinungen zu einer bestimmten Zeit, an einem bestimmten Ort, z.B. bei einer Fallstudie über Naturrisiken in einer Megacity oder einem Gebirgstal oder bei einer Fallstudie über Krimi-Tourismus in Südschweden. Die Ableitung von Erkenntnissen allgemeiner Art ist bei ad-hoc-Theorien nicht möglich.
- Der Begriff der **Theorien mittlerer Reichweite** geht auf ROBERT K. MERTON zurück und bezeichnet Theorien, die Phänomene in vergleichbaren (zeitlich-räumlichen) Kontexten zu erklären versucht (vgl. MERTON 1995). In der Physiogeographie wären das beispielsweise die verschiedenen Theorien zur Gebirgsbildung und den Strukturen der Erde oder die Theorie der Kontinentalverschiebung (1912) von ALFRED WEGENER (1880–1930); in der Humangeographie sind die Regulationstheorie, die Theorie sozialer Netzwerke oder die Handlungstheorien Beispiele für Theorien mittlerer Reichweite. Diese Theorien fallen in den Bereich der Grundlagenforschung; sie ermöglichen die Erklärung von Erscheinungen in verschiedenen zeitlich-räumlichen Kontexten, dienen als guter Hypothesengenerator (siehe Kap. 2.1.3) und lassen sich empirisch überprüfen.
- Der empirischen Überprüfbarkeit weitgehend entzogen sind dagegen die relativ seltenen **Theorien hoher Komplexität**, in den Sozialwissenschaften auch „große Erzählungen" genannt. Beispiele hierfür sind Komplexitätstheorien wie sie am *Santa Fe Institut* in New Mexico oder am *Center for Study of Complex Systems* an der Universität Michigan vertreten werden – Systemtheorien wie beispielsweise die Theorie sozialer Systeme von NIKLAS LUHMANN – oder die Theorie der Differenz und Distinktion von PIERRE BOURDIEU.

Adäquatheit von Theorien

Unabhängig von dem Anlass der Forschungsarbeit stellt sich zu Beginn jedes einzelnen Projektes die Frage nach den adäquaten Theorien, die dann als Hypothesen (siehe Kap. 2.1.2) die Grundlagen der Studie bilden. Adäquat ist eine Theorie, wenn sie erlaubt, die **spezifische Fragestellung angemessen zu bearbeiten**. Grundsätzlich ist zu klären, ob für die eigene Problemstellung bereits Theorien mittlerer Reichweite vorliegen oder ob und inwieweit diese Theorien entwickelt oder weiterentwickelt werden müssen. Bei Arbeiten zur Grundlagenforschung liegen die Hypothesen oftmals in Form von Theorien mittlerer Reichweite vor, in Fällen angewandter Forschung (z.B. über das Image einer bestimmten Stadt oder das Überflutungsrisiko eines Dorfes in Tallage) werden die Hypothesen vorwiegend in Form von ad-hoc-Theorien formuliert.

Vorwurf: Empirismus

Die Suche nach adäquaten Theorien für die eigene Arbeit ist unabdingbar, um sich nicht dem (sehr ernsten) Vorwurf des Empirismus auszusetzen. „Empirismus ist das Ignorieren von theoriegleitetem Forschen" (ATTESLANDER 2006, S. 6). Ein Fall von Empirismus liegt also immer dann vor, wenn die **Beziehung zwischen einer Theorie und den aufgestellten Hypothesen unklar** bleibt, weil sie entweder nicht vorhanden ist oder sie zu wenig explizit formuliert wurde. Denn dann kann weder der Gang der Forschungsarbeit nachvollzogen werden, noch sind die gewonnenen Ergebnisse der Studie tatsächlich wissenschaftlich verwertbar, da sie mehr oder minder willkürlich entstanden sind. Empiristisch erzielte Erkenntnisse sind damit **weder verlässlich noch gültig**.

2.1.2 Theorien, Hypothesen, Modelle, Begriffe

Wie unterscheiden sich Theorien von Hypothesen oder Modellen? Und warum sind „Begriffe" so wichtig in der Wissenschaft?

Begriffe

Beginnen wir mit den Begriffen, da sowohl Theorien als auch Hypothesen und Modelle in der Regel mit ihnen operieren und auf ihnen basieren. Begriffe sind daher gleichsam die **kleinste Einheit wissenschaftlichen Arbeitens**. Aussagen in der Wissenschaft hängen in ganz entscheidendem Maße von der Art und Weise der Begriffsbildung ab. Denken Sie beispielsweise an einen intuitiv recht einfach zu fassenden Begriff wie **„Armut"** – wann ist davon auszugehen, dass eine Person arm ist? In der Regel ist mit dem Begriff eine wirtschaftliche Armut angesprochen und kein anderer Mangelzustand, den eine Person auch noch haben könnte. Aber geht es dann konkret (a) um **relative Armut** (bei der das zur Verfügung stehende Einkommen deutlich unter dem Durchschnitt eines Staates liegt – und was heißt dabei „deutlich unter dem Durchschnitt"?), (b) um **absolute Armut** (bei der laut Weltbank weniger als 1,25 US-$ pro Tag zur Verfügung stehen) oder (c) um **gefühlte Armut** (auch: sozio-kulturelle Armut, die diejenigen betrifft, die sich aufgrund ihrer allgemeinen gesellschaftlichen Ausgrenzung als „arm" betrachten; oder meint sie diejenigen, die Angst vor einer schlechteren wirtschaftlichen Lage haben und in ständiger Angst vor Armut leben, vgl. DIFA 2009)? Daher gründen in der empirischen Sozialforschung die Begriffe auf einer **Übereinkunft der Forschenden**, „die in jedem einzelnen Fall darüber befinden müssen, ob diese Begriffe theoretisch sinnvoll und empirisch praktikabel sind" (ATTESLANDER 2006, S. 36). Weder Definitionen noch die Dimensionen oder die Verwendung von Begriffen sind eindeutig von einer Theorie ableitbar. Sie ergeben sich auch nicht aus der Wirklichkeit, sondern müssen tatsächlich **in jedem spezifischen Fall** definiert und hergeleitet werden. Ohne Begriffe können weder der Gegenstandsbereich der Forschung benannt noch Theorien, Hypothesen oder Modelle formuliert werden.

Theorie versus Hypthese

Nimmt man die oben genannte sehr basale Definition von Theorien als Annahmen über kausale Zusammenhänge als Grundlage, dann gibt es auf den ersten Blick keinen Unterschied zu dem Begriff der Hypothese, denn auch Hypothesen formulieren einen **kausalen Zusammenhang von beobachtbaren Phänomenen**. Sie sind zentraler Bestandteil jeglicher empirisch orientierter Fachdisziplinen. Alltagssprachlich werden Hypothesen auch mit „Vermutung" oder „Meinung" gleichgesetzt, was in gewisser Weise richtig ist, denn ein Zusammenhang wird ja nur vermutet, gleichzeitig greift dieses Verständnis zu kurz.

Kriterien für Hypothesen

Eine wissenschaftliche Hypothese muss zahlreiche Kriterien erfüllen, sie „ist ein mit Begriffen formulierter Satz, der empirisch falsifizierbar ist" (ATTESLANDER 2006, S. 37, zu dem Prinzip der Falsifikation siehe Kap. 2.2.2). Nehmen wir ein Beispiel für eine Hypothese: „Der Begriff der Heimat ist bei Menschen mit Migrationshintergrund mit mehr Dimensionen gefüllt als bei Menschen, die ihre Herkunftsregion nie verlassen haben."

Daran lassen sich folgende Kriterien skizzieren:

1. Eine Hypothese ist eine **Aussage** (weder eine Frage noch ein Befehl). Diese Aussage muss zudem eine **allgemeingültige**, d.h. über den Einzelfall oder ein singuläres Ereignis hinausgehende Behauptung (All-Satz) sein.
2. Die Aussage der Hypothese enthält (mindestens) **zwei semantisch gehaltvolle Begriffe**: „Heimat" und „Migration".
3. Der Satz muss (zumindest implizit) die **Formalstruktur eines sinnvollen Konditionalsatzes** aufweisen, d.h. die Begriffe sind durch einen **logischen Operator** verbunden. In dem Beispiel ist das „wenn – dann": Wenn Migration – dann ausgeprägter Heimatbegriff. Ein anderer logischer Operator wäre „je – desto".
4. Die Aussage darf **nicht tautologisch** sein. Das wäre der Fall, wenn ein Begriff den anderen inhaltlich abdecken würde.
5. Die Aussage ist **widerspruchsfrei**, d.h. der eine Begriff schließt den anderen semantisch nicht aus.
6. Die Begriffe sind hinsichtlich Wirklichkeitsphänomenen **operationalisierbar**, d.h. sie lassen sich mit einer empirischen Realität konfrontieren.
7. Die Aussage ist potenziell **falsifizierbar**, d.h. es müssen empirische Befunde denkbar sein, die der Hypothese widersprechen.

Hypothesen sind im Vergleich zu Theorien „kleinere" Sätze über vermutete Zusammenhänge, die sich konkret empirisch überprüfen lassen müssen. Theorien, vor allem solche mit einem hohen Abstraktionsgrad, lassen sich selten direkt für eine empirische Überprüfung operationalisieren. Daher werden Hypothesen eingesetzt, um **einzelne Aspekte einer Theorie** empirisch handhabbar und überprüfbar zu machen.

Theorie versus Modell

Modelle waren lange Zeit Stiefkinder in der wissenschaftstheoretischen Behandlung, die sich stark auf Theorien und ihre Erklärungsdimensionen konzentrierte. Das hat sich zwischenzeitlich geändert. Zahlreiche WissenschaftsphilosophInnen sprechen gerade Modellen, im Gegensatz zu Theorien, eine **zentrale Bedeutung im Beschreiben und Analysieren von Phänomen** zu, insbesondere wenn es sich um naturwissenschaftliche Phänomene handelt (vgl. BAILER-JONES 2005). Modelle **„vermitteln"** gleichsam zwischen Theorie und den empirischen Befunden der Beobachtung, da sich Theorien in der Regel nur in einer ausgesprochen allgemein gehaltenen Weise auf die empirisch erfahrbare Welt beziehen. Einer der Hauptunterschiede zwischen Theorie und Modell besteht darin, dass Theorien zwar das Potenzial haben, auf empirische Phänomene angewendet zu werden, aber das eigentliche Anwenden von Theorien auf empirische Phänomene im Rahmen von Modellen stattfindet (vgl. BAILER-JONES 2004, S. 140).

Merkmale von Modellen

Laut der Allgemeinen Modelltheorie ist ein Modell eine für bestimmte Zwecke **vereinfachende Darstellung der Wirklichkeit** und verfügt über folgende zentrale Merkmale (vgl. STACHOWIAK 1973, S. 23f.):

1. **Abbildung:** Ein Modell ist ein Abbild von etwas, eine Repräsentation natürlicher oder künstlicher Originale, die selbst wieder Modelle sein können.
2. **Verkürzung:** Ein Modell erfasst nicht alle Attribute des Originals, sondern nur diejenigen, die relevant erscheinen (relevant für diejenigen, die das Modell erzeugen, oder für diejenigen, die es nutzen sollen).
3. **Pragmatismus** (Orientierung am Nützlichen): Ein Modell ist einem Original nicht von sich aus zugeordnet. Die Zuordnung wird vielmehr durch die Fragen: „Für wen? Warum? Wozu?" bestimmt. Ein Modell wird innerhalb einer bestimmten Zeitspanne und zu einem bestimmten Zweck eingesetzt. Das Modell ist somit interpretiert und zweckgerichtet.

Modell ein Abbild der Realität?

Diese Beschreibung der Merkmale von Modellen verdeutlicht, dass es einen **„Bruch" zwischen der Wirklichkeit und dem Modell** gibt. Dieser Bruch erfolgt bereits durch die **Auswahl der Attribute**, die zur Modellbildung herangezogen werden, und setzt sich in der **Absicht** oder der **Funktion** fort, die ein Modell verfolgt oder erfüllen soll. Dass Modelle in den Sozialwissenschaften (und damit in der Humangeographie) keineswegs ein „Abbild der Realität" sind und auch nicht sein können, ist vermutlich leichter nachvollziehbar. In den Naturwissenschaften (und damit in der Physiogeographie) dagegen findet sich eher der Anspruch, dass Theorien und (im obigen Sinne insbesondere) Modelle die empirische Wirklichkeit beschreiben sollen, „so wie sie ist" (zu den erkenntnistheoretischen Positionen des Realismus siehe Kap. 2.2.2).

Modelle als Repräsentation

Somit stellt sich die generelle Frage nach der Repräsentationsleistung von Modellen: Beziehen sich Modelle in einer Weise auf empirische Phänomene, dass sie auch „tatsächlich" realistisch interpretiert werden können? Betrachtet man **naturwissenschaftliche Modelle** genauer, dann zeigt sich schnell, dass sie „nicht gerade Traumkandidaten" (BAILER-JONES 2004, S. 142) für eine realistische Beschreibungsform naturwissenschaftlichen Wissens sind. Denn sie zeichnen sich häufig durch **Ungenauigkeit**, **Inkonsistenz** und **Aspekthaftigkeit** aus. BAILER-JONES fasst die zentralen Aspekte von Modellen zusammen, die naturwissenschaftliche Phänomene repräsentieren sollen (vgl. ebd., S. 152), und zeigt, dass auch naturwissenschaftliche Modelle interessenabhängig sind, etwas, worauf auch der Modelltheoretiker STACHOWIAK (1979) hingewiesen hat. Modelle werden vielmehr unter pragmatischen Erwägungen entwickelt; sie sollen eine bestimmte Funktion erfüllen und können daher ein Phänomen nicht in allen seinen Eigenschaften beschreiben, vielmehr werden bestimmte Aspekte selektiert. Die **Funktionsabhängigkeit** und Aspekthaftigkeit von Modellen verdeutlichen, dass erst entschieden werden kann, ob ein Modell ein Phänomen repräsentiert, wenn es jemanden gibt, der die Entscheidung trifft, für welchen Aspekt eines Phänomens ein Modell verwendet werden soll und in welcher Funktion (vgl. BAILER-JONES 2004, S. 157f.). Zwar könnte man eine Repräsentationsbeziehung zwischen Modell und empirischer Wirklichkeit behaupten, auch wenn die Modellverwendung entfällt (es also bspw. *keine* Wissenschaftler gibt, die das Interesse an dem Phänomen vertreten). Doch wozu sollten diese Modelle dann da sein, ohne Fragestellung und Interessenvertreter wären sie schlicht uninteressant. Diese Überlegungen werfen zugleich die Frage nach der Existenz bewusstseinsunabhängiger Strukturen in der Wirklichkeit auf. Das ist das Thema in Kapitel 2.2.

2.1.3 Funktionen von Theorien

Beispiele über Praktiken der Wissenschaft

Theorien als zentrales Element der wissenschaftlichen Arbeit erfüllen eine große Zahl an Funktionen. GERHARD HARD hat dies in seinem sehr schönen Aufsatz von 1987 über **„Die Störche und die Kinder, die Orchideen und die Sonne“** (HARD 2003, S. 315ff.) anhand zweier anschaulicher Beispiele auf den Punkt gebracht. Das erste Beispiel, eine „paradoxe Anekdote“ (ebd., S. 316), handelt von einer Gruppe kritischer Bevölkerungsgeographen, die die Dogmen des Kinderglaubens und die Mythen des Volkes – dass die Störche die Kinder bringen – einer strengen empirischen Überprüfung unterziehen wollen. Im zweiten Beispiel berichtet HARD von seiner eigenen Arbeit zu submediterranen Pflanzengesellschaften (genauer: Trespenkalktrockenrasen), dessen Gedeihen – gemäß der Befunde in der Literatur – stark vom Expositionsklima abhängig sein sollte und das er so im Gelände nicht vorfand. Anhand dieser überaus amüsant erzählten, sehr lehrreichen Beispiele über die Praktiken der Wissenschaft verdeutlicht HARD mit einem ironischen Augenzwinkern die Vielzahl an Funktionen, die Theorien haben. Die folgende Aufzählung der Theoriefunktionen lehnt sich diesem Beitrag an; die erwähnten Beispiele beziehen sich somit auf die **„Storchentheorie“** oder den **„Expositionseffekt“**.

Hypothesenerzeugungsfunktion

Zunächst einmal haben Theorien eine Hypothesenerzeugungsfunktion. Aus jeder Theorie lassen sich überaus **große Mengen an Prüfungshypothesen** ableiten. Beispielsweise: je mehr Störche, umso höher die Geburtenrate; je mehr Storchennester, umso höher die Geburtenrate; je mehr Feuchtbiotope, umso höher die Geburtenrate; je mehr Frösche, umso höher die Geburtenrate usw. Hard bezeichnet Theorien daher auch als ein „intellektuelles *perpeteuum mobile*“ (ebd., S. 316, Hervorhebung H. E.).

Forschungserzeugungsfunktion

Daneben haben Theorien auch eine Forschungserzeugungsfunktion. Jede Theorie bringt Forschung über ihre Berechtigung und ihren Geltungsbereich (oder über die Möglichkeiten ihrer Widerlegung und ihre Ungültigkeit) hervor. Der Glaube (oder Unglaube) an die Storchentheorie führt zu einem Forschungsprogramm, in dessen Zentrum die Storchentheorie selbst steht. Dabei verläuft die Forschung in der Regel „normalwissenschaftlich" (siehe Kap. 3.1.1) und damit entgegen den **Forderungen des Kritischen Rationalismus nach Falsifikation** (Widerlegung; siehe Kap. 2.2.2). **„Normalwissenschaftliche" Forschung heißt: Theorien zu verifizieren** (zu belegen). In der Praxis bedeutet das, dass sich die Geographin oder der Geograph ein besonders geeignetes „Feld" für die Arbeit sucht und dort eine bekannte Ordnungsstruktur (Theorie) auf die neue Situation anwendet. In der pointierten Sprache von Gerhard Hard lautet das: Der Geograph „beweist eine Theorie durch geglückte Anwendungen, die er zuvor sorgsam arrangiert hat" (Hard 2003, S. 321).

Normierung der Forschung und Normierung der Wirklichkeit

Damit wird zugleich eine weitere Funktion von Theorien deutlich: die Forschungs- und Wirklichkeitsnormierungsfunktion. Denn ohne die Theorie würde diese spezifische Studie in jenem bestimmten Gebiet gar nicht durchgeführt. Über die **Auswahl** und die **angewendete Forschungspraxis** arbeiten die Forschenden gleichsam die Theorie in die Wirklichkeit hinein, und über **Vergleichstudien** werden die **unterschiedlichen Gebiete** im Hinblick auf die Theorie **normiert**. Man denke z.B. an Studien über postmoderne Stadtentwicklungen oder an Arbeiten zu den Resten glazialzeitlicher Vegetation. Zugleich strukturiert die Theorie das Vorgehen innerhalb des Forschungsprojektes und normiert so die Praxis der Forschenden.

Datenerzeugungsfunktion

Die Datenerzeugungsfunktion der Theorie ist ein **Nebenprodukt**, das gleichsam unbeabsichtigt mit der Theorie einhergeht. Denn bei den vielen (in der erzählten Geschichte fehlgeschlagenen) Versuchen, die Storchentheorie zu widerlegen, haben sich große Mengen an Daten über Störche, Storchennester, Feuchtbiotope, Frösche und Geburtenraten angesammelt, die auch **in ganz anderen Zusammenhängen und Fragestellungen** von Interesse sind.

Hilfshypothesenerzeugungsfunktion

Bei jeder Forschung treten üblicherweise **kleine Irritationen** auf. Gemeint sind damit Phänomene, die sich mit der gewählten Theorie nicht erklären lassen, die jedoch so unübersehbar sind, dass man sie nicht ignorieren kann. Im Fall der Storchentheorie ist es der Befund, dass es Gegenden gibt, die keine Korrelation zwischen Storchendichte und Geburtenrate aufweisen. Die Lösung ist schnell gefunden: Die Nullkorrelation auf der Erscheinungsebene wird über das Vorliegen einer **Multikausalität** für die Geburtenrate erklärt, denn es gibt ja noch andere kinderbringende Tiere (wie Krähen, Raben, Eulen und andere). Dies führt zu der Hilfshypothese, dass in sehr abgelegenen Gegenden anstelle der Störche andere, zum Teil sehr seltene kinderbringende Tiere für die hohe Geburtenrate verantwortlich sind. Die Prüfung der Hilfshypothesen zeitigt auch Erfolge, und die auf den ersten Blick bedrohte Storchentheorie hat sich „glänzend bewährt und zugleich ihren empirischen Gehalt erhöht" (vgl. ebd., S. 317). Es zeigt sich: Über die Hilfshypothesenerzeugungsfunktion können Theorien **sowohl aus Erfolgen als auch aus Misserfolgen Gewinn ziehen**.

Immunisierungsfunktion

Aus dem vorgenannten Punkt ließe sich schließen: **Eine Theorie erhält sich selbst**, ist sie erst einmal in der Welt. Und tatsächlich spricht auch einiges dafür. In dem fiktiven Beispiel der Storchentheorie, die sich bislang erfolgreich gegen jegliche Versuche der Falsifizierung wehren konnte, erscheint nun die Studie eines begabten Nachwuchswissenschaftlers, der darin aufzeigt, dass die Geburtenrate im Rheinland in erster Linie mit dem Grad der Urbanisierung/Industrialisierung und vermutlich erst in zweiter Linie mit dem Storch zusammenhängt. Er wird vernichtend rezensiert – das Ergebnis sei trivial und außerdem sprächen die Befunde nicht gegen, sondern vielmehr für die Storchentheorie, da der junge Kollege verkannt hätte, dass die Urbanisierung/Industrialisierung selbstverständlich die Zahl der Störche reduziere, was wiederum zum Sinken der Geburtenrate führe. Er hätte in seinen Berechnungen die Storchendichte konstant halten müssen, da es sich um einen typischen Fall von intervenierenden Variablen handle, die zu berücksichtigen seien. Das beschreibe doch jedes Methodenlehrbuch. Der Nachwuchswissenschaftler überprüft noch einmal seine Befunde in einer Nachuntersuchung unter Beachtung der methodischen Hinweise und kommt zu dem Befund: Die Kritiker hatten recht. Auf den Punkt gebracht besteht die Immunisierungsfunktion einer Theorie darin, dass **keine noch so sorgfältige Empirie eine Theorie gefährden kann**, „selbst wenn diese Theorie ein Ammenmärchen ist und wenn alle Beteiligten sich rational verhalten" (HARD 2003, S. 318). Um eine Theorie als nicht zutreffend zu entlarven, hilft nur eine **weitere Theorie** – und keine noch so ausgeklügelte Empirie. Entscheidend ist an dieser Stelle noch ein weiterer Aspekt: „Alle diese Theorien schmarotzen auf den gleichen Daten, und die Pointe ist es ja, dass auf der Ebene der Empirie die Entscheidung (noch) unmöglich ist" (ebd., S. 319).

Eliminieren von negativen Befunden

Ein – weder wissenschaftlich noch alltagsweltlich schöner, aber dennoch häufig auftretender – Effekt von Theorien ist das Ausblenden von Daten und Befunden, die in das bisherige und oftmals schwer erarbeitete Bild über Phänome nicht „passen". HARD beschreibt den Vorgang wie folgt:

> „Was nicht passt, bleibt ungesehen; wenn es nicht mehr zu übersehen ist, wird es verschwiegen; wenn es nicht mehr verschwiegen werden kann, wird es bagatellisiert; wenn es nicht mehr bagatellisiert werden kann, wird es weginterpretiert" (ebd., S. 323).

Die weiter vorne erwähnte „dunkle Materie" in der Astrophysik ist ein Beispiel für das Weginterpretieren, eine Art Ausflucht, in die man alle Daten packen kann, die mit der geläufigen Theorie nicht erklärt werden können. In der Statistik – egal ob bei Messreihen über Bodenproben oder bei quantitativen Daten einer sozialwissenschaftlichen Erhebung über die Standortentscheidungen von Startup-Unternehmen – fällt dieser Vorgang unter **„Datenbereinigung"**. Dabei werden „Ausreißer", also Befunde, die zu stark vom Mittelwert abweichen (so genannte *strange facts*), eliminiert. Obwohl vielleicht gerade hier ein **interessantes Ergebnis** auf seine Entdeckung gewartet hätte (und möglicherweise zu einem Nobelpreis geführt hätte, siehe DOHERTY 2008). Dies geschieht in der Regel weder mutwillig noch (im Sinne der Theorie) bewusst, sondern scheint gleichsam in der „Natur der Sache" zu liegen: Offensichtlich steht uns der **Zweifel an uns selbst** (an unserer Fähigkeit, im Sinne einer bestimmten Theorie zu arbeiten) näher, als der Zweifel an einer (etablierten) Theorie. So folgt auf den Zweifel fast reflexartig der oben bereits erwähnte Effekt der Hilfshypothesenerzeugung, um die gewählte Theorie zu retten und auszubauen.

Erzeugung und Stabilisierung von „Tatsachen"

Folgt man der Theoriepraxis in der Wissenschaft, dann braucht man keine konstruktivistische Erkenntnistheorie (siehe Kap. 2.2.2) als Grundlage, um zu dem Schluss zu gelangen, dass unpassende Befunde (*strange facts*) erst über eine neue Theorie als „Tatsache" in die Welt gelangen. Es braucht eine **Theorie, die das beobachtete Phänomen als Tatsache in einen kausalen Zusammenhang stellt**, sonst existiert diese Tatsache nicht. Dies widerspricht der allgemeinen Annahme, dass Theorien durch beobachtbare Tatsachen bestätigt oder widerlegt werden. Die Wissenschaftspraxis legt nahe, dass vielmehr Theorien Tatsachen erzeugen (und stabilisieren), indem erst eine Theorie aus einer Tatsache auch eine Tatsache macht und sie im weiteren Verlauf als Tatsache bestätigt.

Theorien als Entscheidungen

Theorien sind also – sind sie erst einmal in der Welt – eine Art selbst laufender Motor der Wissenschaft, indem sie **Forschung initiieren**, wissenschaftliche und außerwissenschaftliche **Wirklichkeiten erzeugen** und anschließend **stabilisieren**. In diesem Sinne sind Theorien Entscheidungen, die unausweichlich sind und jede Forschung – ob implizit oder explizit – begleiten. Die Wahl der Theorie entscheidet darüber, was im Forschungsprozess bedeutsam ist, was als Unwichtiges abgedunkelt, was als ursächlich und nichtursächlich (kausal) angenommen wird. Trotz der Unausweichlichkeit der Entscheidung über Theorie im Forschungsprozess, ist die Wahl der Theorie in hohem Maße **kontingent** (siehe Exkurs „Kontingenz"), d.h. sie wäre in jedem einzelnen Forschungsfall auch ganz anders möglich gewesen.

Exkurs: Kontingenz

(von lat. *contingere* = sich berühren, zusammenfallen, sich ereignen; spätlat. = Möglichkeit)

Entsprechend der formalen Logik ist alles kontingent, was weder notwendig noch unmöglich ist. Anders gesagt: Alles, was ist, ist (weil es ist) nicht unmöglich und wäre auch anders möglich (wenn es nicht notwendigerweise so ist, wie es ist). Wenn etwas als kontingent bezeichnet wird, beinhaltet es also auch noch andere Möglichkeiten. Die Antwort auf eine Frage beispielsweise ist kontingent, da die Frage zwar vielleicht auf einen bestimmten Sachverhalt hin abzielt, aber die Antwort durch die Frage weder vorherbestimmbar ist, noch muss sie eindeutig so lauten, wie sie erwartet wurde. In den Sozialwissenschaften wird mit Kontingenz auch die prinzipielle Offenheit und Ungewissheit menschlicher Lebenserfahrungen und sozialer Situationen bezeichnet.

2.1.4 Wissenschaftliche Theorien versus Alltagstheorien

Bevor wir das Kapitel „Wozu Theorie?" abschließen, möchte ich noch einen Blick auf die Frage nach dem Unterschied zwischen wissenschaftlichen Theorien und Alltagstheorien werfen. In unserer (westlich-modernen) Welt hat **Wissenschaft** und wissenschaftliche Erkenntnis **einen sehr hohen Stellenwert**. Die Bezeichnung einer Aussage, eines Gedankenganges oder eines Projektes als „wissenschaftlich" adelt die Aussage, den Gedanken oder das Projekt durch eine hohe zugeschriebene Glaubwürdigkeit. Wissenschaftliche Erkenntnis scheint also höher zu stehen als Alltagserkenntnis oder Alltagswissen. Folgt man der oben getroffenen Definition von Theorien als Annahmen über kausale Zusammenhänge, dann ist zunächst unklar, warum sich wissenschaftliche Theorien von Alltagstheorien unterscheiden sollten. Denn auch im Alltag formulieren wir laufend **Annahmen über kausale Zusammenhänge** und bilden damit Alltagstheorien. Zum Beispiel wenn wir auf der Straße gehen und hinter uns ein Quietschen und einen Knall hören und beim Hinblicken sehen, dass zwei Autos kollidiert sind, schließen wir in der Regel darauf, dass die beiden Autos eben einen Unfall hatten und dabei die gehörten Geräusche erzeugten. Die gedankliche Verbindung des Gehörten (Quietschen und Knall) mit dem später gesehenen Bild der Kollision ist nichts anderes als eine Annahme über einen Zusammenhang dieser beiden Phänomene. Wenn wir wissenschaftlich arbeiten, gehen wir nicht anders vor: Wir beobachten verschiedene Phänomene und stellen sie in einen kausalen Zusammenhang.

Unterschiede zwischen Wissenschaftstheorien und Alltagstheorien

Allerdings unterscheiden sich Alltagstheorien und wissenschaftliche Theorien hinsichtlich ihrer **Fragestellungen** und **Inhalte**, ihre **Erkenntnismethoden** und in der **Art der getroffenen Aussagen** (vgl. BORTZ & DÖRING 1995, S. 30). Die für wissenschaftliche Hypothesen so wichtigen Kriterien wie Allgemeingültigkeit, Konditionalität und empirische Falsifizierbarkeit sind für Alltagstheorien nicht anwendbar. Diese sind zudem in der Regel auf einen Einzelfall zugeschnitten und dienen vor allem der Orientierung und Selbstdefinition des Individuums, während wissenschaftliche Theorien über den Alltagsbereich des Einzelnen weit hinausgehen. In methodischer Hinsicht unterscheiden sich Alltagserkenntnis und wissenschaftlicher Erkenntnisgewinn vor allem im Hinblick auf die **Systematik**, die **Dokumentation des Vorgehens**, die **Genauigkeit der Begriffe** sowie in der **Art der Auswertung und Interpretation** von Informationen, zu der auch die Überprüfung von Gültigkeitskriterien (Validität) der Befunde gehört.

Alltagssituationen der Entscheidungsfindung

Diese Beschreibung wissenschaftlicher Arbeit mit dem Fokus auf Methodik, Objektivität, Experiment, Überprüfung der Validität (Gültigkeit der Methodik) usw. unterschlägt, dass viele Situationen des (naturwissenschaftlichen wie sozialwissenschaftlichen) Forschens Alltagssituationen der Entscheidungsfindung sind, in denen irgendeine Wahl zu treffen ist, über deren Gehalt **erst nachträglich** eine abschließende (validierende) Entscheidung herbeigeführt werden kann (vgl. GARFINKEL 1981). An der **Objektivität**, der **Reinheit der Methodik** und der **Validität von Ergebnissen** kann daher auch **Zweifel** angebracht sein. Der Philosoph BERNHARD WALDENFELS lehnt die Besonderheit wissenschaftlicher im Unterschied zu alltäglicher Erkenntnis schlichtweg ab:

> „Nur wenn man eine spezifische Methode zum *Ideal* emporsteigert, erscheint das Alltägliche als das *bloß Vage, Unberechenbare, Improvisatorische, Okkasionelle* gegenüber den exakten Berechnungen, den künstlichen Methoden und dauerhaften Konstruktionen der Wissenschaften, und nur wenn man die Methode für das Sein selber nimmt, erscheint Alltagserkenntnis als *bloß subjektiv-relativ* gegenüber den objektiven und universalen Geltungsansprüchen der Wissenschaften.
> Hinter der Abwertung des Alltags lauert die szientistische Verabsolutie-

rung der objektiven Wissenschaften und, damit Hand in Hand gehend, deren technizistische Sinnentleerung" (WALDENFELS 1999, S. 56, Hervorhebungen im Original).

Wissenschaft als eine Form der Erkenntnis

Wissenschaft und wissenschaftliche Arbeit bildet in diesem Verständnis nur *eine* Form der Erkenntnis und der Wissensproduktion unter vielen. Es ist zugleich ein **Aufruf für das Einbeziehen unterschiedlichster Wissensbestände** in die wissenschaftliche Arbeit, denn gerade in einer derart angewandten Disziplin wie der Geographie zeigt sich oft, dass das Ignorieren von lokal vorhandenem alltäglichem und praktischem Wissen die beste Analyse wissenschaftlicher Experten scheitern lassen kann. Das obige Zitat von WALDENFELS mag daher durchaus als ein Plädoyer gegen die vorschnelle „Adelung" wissenschaftlicher Erkenntnis als besonders „objektive" oder „geprüfte" Form des Wissens verstanden werden.

2.2 Das Erkennen erkennen: Wie wirklich ist die Wirklichkeit?

Definition von Wissenschaft

Eine weit verbreitete Sicht von Wissenschaft lautet: „Wissenschaft ist eine Erkenntnisform, die auf erfahrbaren Tatsachen beruht" (vgl. CHALMERS 2001, S. 5). Damit wird postuliert, dass Wissenschaft deshalb eine besondere Stellung in der Produktion von Wissen einnimmt, weil sie **(1) auf Tatsachen basiert** und diese Tatsachen **(2)** über einen sorgfältigen und **vorurteilsfreien Einsatz der Sinne** direkt ermittelt werden können. Es ist gerade die Annahme der Möglichkeit, die Welt vorurteilsfrei beobachten zu können, die zu der Sichtweise verführt, dass Tatsachen eine sichere und objektive Grundlage von Wissenschaft bilden könnten. Auf den ersten Blick ist das auch gar nicht so abwegig: Denn ist es nicht so, dass die Wissenschaft auf objektivierbaren Tatsachen und nicht auf Meinungen oder Spekulationen beruhen soll? Dennoch sind hier einige Zweifel angebracht, die bereits in den **Möglichkeiten und Grenzen unserer Sinne** beginnen, die wir für eine Beobachtung der Welt benötigen (Kapitel 2.2.1), und sich schließlich in **erkenntnistheoretischen Überlegungen** fortsetzen (Kapitel 2.2.2). Für die Geographie als vorwiegend angewandter Wissenschaft sind diese Überlegungen zentral, berühren sie doch den Gegenstand ihrer Forschung: „die Welt, in der wir leben" (DEUTSCHE GESELLSCHAFT FÜR GEOGRAPHIE, www.geographie.de/geographie_kurz.htm, zuletzt besucht am 06.07.2009).

Untersuchungsgegenstand „erfahrbare Tatsachen"

Wenn wir der oben genannten Definition folgen, dass Wissenschaft eine Erkenntnisform ist, die auf erfahrbaren Tatsachen beruht, dann schließen sich mindestens **zwei Fragenkomplexe** an, die die Struktur für die nachfolgenden Kapitel vorgeben: **(1) Was sind „erfahrbare Tatsachen"?** Welche Möglichkeiten der Beobachtung von Tatsachen haben wir? Und: Wie erkennen wir, dass es sich bei etwas um eine Tatsache handelt? Diese Fragen werden uns durch das gesamte Kapitel 2.2 begleiten, denn sie führen uns zu den zentralen Aspekten bei der Suche nach den Möglichkeiten der Erkennbarkeit der Welt und helfen uns dabei, uns dem Begriff der Wahrheit wissenschaftlicher Erkenntnis zu nähern. **(2)** Daran schließt sich der Fragenkomplex an, ob und gegebenenfalls wie aus festgestellten Tatsachen **wissenschaftliche Gesetze und Theorien gewonnen** werden können; dies wird Gegenstand von Kapitel 2.3 sein.

2.2.1 Unsere Abhängigkeit vom Visuellen: Sehen heißt glauben

Glaubwürdigkeitsanspruch von Bildern

Es gibt Ereignisse, die in Bildern erzählt werden müssen, weil reine Worte nicht ausreichten. Ein berühmtes Beispiel ist die **Mondlandung am 20. Juli 1969**. Wie Edwin Aldrin und Neil Armstrong aus der Raumkapsel der Apollo-11-Mission der NASA steigen und die US-amerikanische Flagge auf dem Mond hissen, sind **unvergessene Bilder, die um die Welt gingen**. Der Philosoph Hans Blumenberg hat dazu einmal ironisch bemerkt, dass es sich wohl kaum gelohnt hätte, den Menschen auf den Mond zu schicken, wenn er nur das Wort und nicht ein Bild mit zurück auf die Erde hätte bringen können (Blumenberg 1985, S. 738 ff.). Mit Bildern wird also ein hoher Glaubwürdigkeitsanspruch verbunden, ohne sie wären unmittelbar Zweifel aufgekommen, ob die Mondlandung tatsächlich stattgefunden hat (dass es diese Zweifel trotzdem gibt, ist eine Geschichte, die viel später begonnen hat, vgl. Heiner Grimm, www.wissenschaft-technik-ethik.de/moonfake.html, zuletzt besucht am 06.07.2009).

Sündenfall: Galileo Galilei

Der hohe Glaubwürdigkeitsanspruch von Bildern, von Sichtbarem allgemein, ist ein **Phänomen der Neuzeit**, das wir letztlich einem „Sündenfall" Galileo Galileis verdanken. Er war es nämlich, der laut Wissenschaftsforschung zum ersten Mal die Strategie einsetzte, Beobachtungstatbestände als ernst zu nehmende Grundlage für Wissenschaft zu verstehen. Einige Wissenschaftshistoriker sind sogar der Meinung, dass beobachtbare Tatsachen **vor dem 17. Jahrhundert** keine wesentliche Rolle in der wissenschaftlichen Erkenntnis gespielt hätten, sondern Wissen und Erkenntnis vielmehr allein durch die **Berufung auf Autoritäten** wie Aristoteles und die Bibel möglich waren. Galileo dagegen nahm sein „Sehen" der Jupitermonde als „Beweis" für eine Theorie.

Imperativ der Sichtbarmachung

Die Gestaltungsforscherin Martina Hessler bezeichnet Galileos Blick durch das Fernrohr im Januar 1609, bei dem er die vier Jupitermonde entdeckte, als den Startpunkt für den heute so dominanten „Imperativ der Sichtbarmachung" (Hessler 2006a, 2006b). Bilder vermitteln eine überaus hohe Evidenz, ein „so ist es und nicht anders", das nur schwer zu hinterfragen ist. Seither leben wir in einer **visuellen Kultur**, in der Unsichtbares sichtbar gemacht wird, und in der das als *wahr* gilt, was sichtbar ist oder sichtbar gemacht werden kann. Es liegt auf der Hand, dass die Sichtbarkeit von eigentlichen Unsichtbarkeiten ein Ergebnis technischer Entwicklung ist (z.B. durch Teleskop und Mikroskop).

Erkenntnis über Sinneseindrücke

Aber wie verhält es sich mit dem Sehen und den Tatsachen? Gehen wir in einem ersten Schritt einmal davon aus, dass sich uns die **äußere Welt** direkt über unsere **fünf Sinnesorgane** erschließt. Wir können sehen, riechen, schmecken, fühlen, hören, und alle Sinne dienen dazu, uns die außerhalb unseres Selbst liegende Welt zu erschließen. Wenn das so wäre, dann müssten wir, um zu einer Erkenntnis zu gelangen, nur der vor uns liegenden

Welt gegenübertreten und gleichsam aufzeichnen, was es dort zu sehen, riechen, schmecken, fühlen und hören gibt. Ich beschränke die Argumentation im Folgenden der Einfachheit halber auf den **Sehsinn**, da er auch für die geographische Arbeit am wichtigsten erscheint.

Visuelles Erfahren

Nach der oben gezeigten Vorstellung wäre das Gesehene allein durch die Dinge, auf die wir blicken, determiniert, und unterschiedliche beobachtende Personen würden alle das gleiche sehen, hätten also alle die gleiche visuelle Erfahrung, wenn sie dasselbe beobachten. Jedoch zeigt eine Reihe von Belegen, dass dem nicht so ist. Beim Sehen geht es offensichtlich um mehr als lediglich das, was einem ins Auge springt. Das heißt **zwei beobachtende Personen**, die dasselbe Objekt von derselben Stelle aus, unter denselben äußeren Umständen betrachten, bekommen **nicht notwendigerweise den gleichen visuellen Eindruck**, obwohl sich die Bilder auf ihrer Netzhaut vermutlich nicht unterscheiden. Dies lässt sich am Beispiel so genannter **Kippbilder** verdeutlichen.

Bistabile Wahrnehmung

Die meisten von uns sehen, wenn sie zum ersten Mal auf Abbildung 2 blicken, die Zeichnung eines Gittermodels eines Würfels, auf den man in einer schrägen Draufsicht von rechts oben schaut. Die Zeichnung geht zurück auf den Schweizer Geologen **Louis Albert Necker** (1786–1861), der 1832 den Effekt der bistabilen Wahrnehmung zum ersten Mal an Kristallzeichnungen beschrieben hat. Betrachtet man eine Zeit lang das Bild, verändert es sich im Allgemeinen plötzlich – es kippt. Die beiden großen, sich überschneidenden Quadrate können sowohl als Vorder- als auch als Rückseite zu sehen sein. **Je nach Fokussierung** erkennt man einen links unten beginnenden Würfel, auf den man von rechts oben drauf sieht oder einen rechts oben beginnen Würfel, den man von links unten ansieht. Betrachtet man das Bild eine längere Zeit, dann kippt es regelmäßig ungewollt zwischen diesen beiden Fokussierungen hin und her. Dennoch scheint die Annahme berechtigt zu sein, dass sich das **Bild auf der Netzhaut nicht verändert**, da es sich ja nach wie vor um dasselbe Objekt handelt, das die beobachtende Person sieht. Ob man in der Abbildung den Würfel von rechts oben oder von links unten sieht, scheint daher von etwas anderem abzuhängen, als von dem Bild auf der Netzhaut.

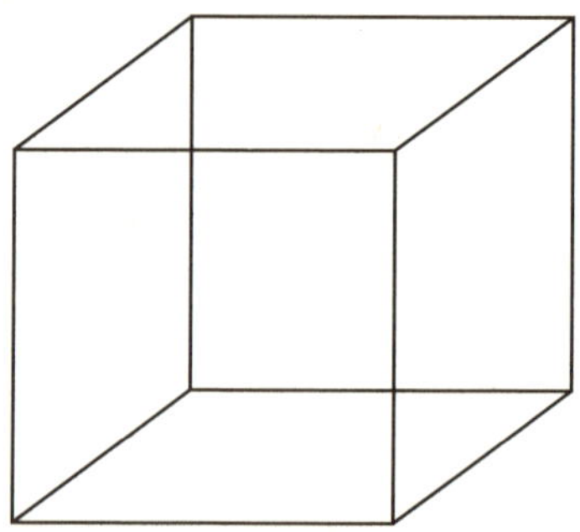

Abb. 2: Bistabile Wahrnehmung am Beispiel des „Necker-Würfels" (eigener Entwurf)

Erlebte Wirklichkeit

Ein weiteres – sehr berühmtes – Beispiel dafür, dass unsere **Wahrnehmung** ganz offensichtlich **nicht von der Natur der Dinge** bestimmt wird, die wir beobachten, sondern ein Ergebnis anderer Phänomene ist, stellt Wittgen-

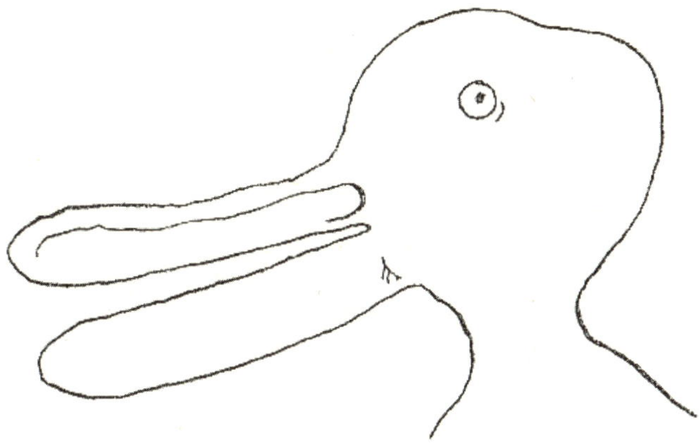

Abb. 3: WITTGENSTEINS „Entenhase" (BAILER-JONES & FRIEBE 2009, S. 13)

STEINS „Entenhase" dar (siehe Abb. 3). Die Zeichnung wird, abhängig von Blickwinkel und Erwartungen, entweder als Darstellung eines Hasen oder einer Ente wahrgenommen. Für „NECKER-Wüfel" und „Entenhase" gilt gleichermaßen: Das jeweils **Gesehene ist ausschließlich**; das gleichzeitige Sehen von beiden Fokussierungen ist nicht möglich. Bei WITTGENSTEINS „Entenhase" handelt es sich zudem nicht um eines der klassischen Kippbilder (wie das Beispiel des „NECKER-Würfels"), denn in der Regel bleibt das zuerst wahrgenommene Bild (Hase oder Ente) auch bei längerem Anschauen bestehen – vorausgesetzt es fehlt der Hinweis, dass in dem Bild auch eine Ente (respektive: ein Hase) „steckt". Der „Entenhase" steht vielmehr symbolisch dafür, dass das, was Menschen wahrnehmen, für sie eine erlebte Wirklichkeit darstellt, die unmittelbar gegeben ist.

Die Beispiele verdeutlichen, dass die subjektiven Wahrnehmungen von beobachtenden Personen nicht einzig und allein durch die Bilder auf der Retina bestimmt werden, sondern vielmehr stark von der **Erfahrung**, dem **Wissen** und den **Erwartungen** der betrachtenden Personen **abhängig** sind. Das verleitet zu dem Einwand, dass die zwei beobachtenden Personen, die von derselben Stelle aus und unter denselben Bedingen etwas betrachten, zwar genau dasselbe sehen, jedoch das **Gesehene unterschiedlich interpretieren**. Aus dieser Perspektive ließen sich auch die obigen Kippbilder als „eben so gezeichnet, dass man vieldeutig sehen kann" deuten. Aber auch hier sind erhebliche Zweifel angebracht, und ein starker Beleg dafür kommt aus der Physiologie.

Blinde Flecken

Beobachtungsexperimente, um den so genannten blinden Fleck sichtbar zu machen – also jenen Bereich auf der Netzhaut, der für einfallendes Licht unempfindlich ist, weil hier der Sehnerv aus der Netzhaut austritt – werden vermutlich in jeder schulischen Ausbildung im Biologieunterricht durchgeführt. Die Existenz von blinden Flecken wird also kaum jemand bezweifeln. Die große Frage, die sich daran anschließt, lautet dann: Warum gehen wir nicht ständig mit einem visuellen Loch durch die Welt (vgl. MATURANA & VARELA 2005, S. 21 ff.)? Vielmehr nehmen wir das **Visuelle als ein Kontinuum** wahr, das nicht durch Löcher der Wahrnehmung unterbrochen wird, weil unser **Gehirn** ständig die **fehlenden Eindrücke ergänzt**. Was das Gehirn im Einzelfall hinzuaddiert, ist offen, und die Vermutung liegt nahe, dass dies abhängig ist von Erfahrung, Wissen und Erwartungen. Die beiden Biologen HUMBERTO R. MATURANA und FRANCISCO J. VARELA formulierten aufgrund vieler Experimente über das Sehvermögen sogar die weitreichende These, dass nicht die Dinge „da draußen", in der Welt außerhalb unseres Bewusstseins, Informationen über sich mitteilen, die wir nur zu verstehen brauchen, sondern dass vielmehr **jeder Akt des Erkennens eine Welt erst hervorbringt** (MATURANA 1982, MATURANA & VARELA 2005). Nach ihren Befunden ist das Erkennen eine kognitive Leistung, mit der wir die Welt, die wir wahrnehmen, selbst erschaffen. Sie lieferten damit gleichsam eine **biologische Begründung des Radikalen Konstruktivismus** (siehe Kap. 2.2.2).

Geographische Seh-Schule

Der Zusammenhang von Erfahrung, Wissen und Erwartungen mit dem, was wir sehen, wird unmittelbar einsichtig, wenn es um das **Lernen von kompetenter Beobachtung** geht – genau das macht einen großen Teil jeglicher (geographisch-)wissenschaftlicher Bildung aus. Die Beobachtung mit Mikro-, Tele- oder Stereoskop muss aktiv eingeübt werden, denn so gut wie niemand sieht auf Anhieb, was man sehen soll. Auch die Analyse oder allein die **Beschreibung von Satelliten- oder Luftbildern** muss ebenso gelernt werden wie **Beobachtungen im Gelände** oder die **Interpretation einer Karte**. Nichts dabei ist evident (d.h. unmittelbar klar zu erkennen). Nimmt man identische Gegebenheiten (Luftbild, Karten oder Präparate für ein Mikroskop), die auf der Retina vermutlich gleiche Bilder erzeugen, so zeigt sich unmittelbar, dass das erfahrene und geschulte Auge einer beobachtenden Person nicht die gleichen **Wahrnehmungsfähigkeiten** hat wie das Auge einer ungeübten beobachtenden Person. Aus diesem Grund ist ein Studium der Geographie letztlich vor allem eine „geographische Seh-Schule" (man könnte es auch „Wahrnehmungsdressur" nennen; WARDENGA 2001, S. 19).

Aus den vorherigen Überlegungen ergibt sich ein interessantes Spannungsfeld für das wissenschaftliche Arbeiten. Trotz der Uneindeutigkeiten (im Sinne einer nicht feststellbaren „Objektivität") des Gesehenen, hat sich seit GALILEO GALILEIS erstmaliger Verwendung von beobachteten Tatsachen als „Beweis" für eine Theorie eine **„Hegemonie des Sehens"** (BÖHME 2004) herausgebildet: Es muss alles ins Sichtbare überführt werden, um geglaubt zu werden.

Kulturen der Evidenz

Auf diese Weise erzeugen die Wissenschaften selbst „Kulturen der Evidenz" (RHEINBERGER 2006). Gleichzeitig ging mit der Dominanz des Sehens eine Entthronung des menschlichen durch technisches Sehen einher, indem vor allem die Wissenschaft auf ihrer Suche nach Ordnungsstrukturen in der Welt ständig neue Unsichtbarkeiten benennt und über aufwändige Visualisierungstechniken sichtbar macht. Das hat zumindest zwei Folgen, wie der Kulturtheoretiker HARTMUT BÖHME konstatiert. (1) Zum einen führen Visualisierungstechniken zur Sichtbarmachung von eigentlich Unsichtbarem zu einer **Mechanisierung, Beherrschung und Kontrolle der Sinneswahrnehmung** – kurz: „einfaches" menschliches Sehen ist nicht mehr ausreichend. „Die Wahrnehmung des Auges wurde durch Beobachtungsdisziplin und Visualisierungstechniken und schließlich beides durch Berechnung kontrolliert" (BÖHME 2004, S. 217). (2) Zum anderen ergibt sich für die Wissenschaft daraus ein grundlegendes Dilemma: Um überhaupt wissenschaftlich arbeiten zu können, müssen Wissenschaftlerinnen und

Wissenschaftler der **Welt des Augenscheins radikal misstrauen**. Zugleich werden jedoch mittels Visualisierungstechnologien visuelle Darstellungen von bisher völlig unbekannten Welten geschaffen (z.B. über Modellierung und Projektion von Datensätzen). Und damit wird so getan, als gäbe es sie. Auf diese Weise erzeugt Wissenschaft neuen Augenschein und damit Evidenz, die eigentlich von ihr selbst permanent erneut zu hinterfragen wäre.

Bilder in der Geographie

Die Geographie beteiligt sich ebenfalls sehr stark an der Produktion von Bildern in der Wissenschaft, auch wenn sie vor allem in dem für das menschliche Auge sichtbaren Bereich arbeitet. Ein Vortrag ohne Bilder, Karten oder Graphiken zur „visuellen Unterstützung" wird im Allgemeinen als „nicht geographisch genug" gewertet. Diese **starke Orientierung am Visuellen** war vielleicht einmal tatsächlich sinnvoll, in einer Zeit, in der Geographinnen und Geographen in erster Linie über entfernte, wenig bekannte oder gar unbekannte Regionen und Praktiken geforscht und berichtet haben. Interessanterweise kamen die großen Forschungsreisenden zunächst mit sehr wenigen bildhaften Darstellungen aus, da die Bildherstellung zu dieser Zeit sehr mühsam und aufwendig war. Sie lieferten vielmehr **detaillierteste Beschreibungen** dessen, was sie beobachtet hatten, und ergänzten diese erst später mit **Zeichnungen**. Ab der ersten Hälfte des 19. Jahrhunderts kam dann der **Fotografie** eine herausragende Bedeutung für die geographische Wissensrepräsentation und Wissensvermittlung zu (vgl. BROGIATO et al. 2005). Darüber hinaus wurde bis vor kurzer Zeit, nämlich bis zum Ausgang des 20. Jahrhunderts, intensiv die Hilfe von ZeichnerInnen, KartographInnen und GraphikerInnen bemüht, denn der „Bildervortrag" über ferne Länder gehörte zu den Kennzeichen wissenschaftlicher Geographie. Diese **Phase der Notwendigkeit der (Bild-)Information** über fremde Regionen ist jedoch seit geraumer Zeit **vorüber**; zudem ist mittlerweile nahezu jeder Winkel der Erde über das Internet visuell verfügbar. Dennoch hält sich die Visualisierungsmanie hartnäckig in der Geographie.

Visuelle Wissenskultur

Folgt man der Wissenssoziologin KARIN KNORR-CETINA, dann sind Wissenskulturen diejenigen Praktiken, Mechanismen und Prinzipien, die bestimmen, was wir wissen und, vor allem, wie wir wissen, was wir wissen (vgl. KNORR-CETINA 2002). Wissenskulturen **generieren und validieren also das Wissen** und sind dabei wesentlich durch die Instrumente und Werkzeuge geprägt, die zur Wissensproduktion herangezogen werden. Im Fall der Geographie stellt sich somit die noch unbeantwortete Frage: Welche Wissenskultur entsteht bei einer Wissenschaft, die maßgeblich auf das Visuelle fixiert ist und so nachdrücklich das Visuelle einfordert?

Bilder und Realität

Mittlerweile ist weitgehend klar, dass ein Bild vielleicht zwar mehr als tausend Worte sagen kann, es deswegen aber kein „Abbild" der Realität darstellt, sondern allenfalls eine eigene Geschichte erzählt, auch in der Wissenschaft (siehe hierzu v.a. HEINTZ & HUBER 2001). Insbesondere im Zeitalter der digitalen Bilder müssen wir Abschied nehmen von der Vorstellung, dass diese eine **eindeutige Referenz zur realen Welt** im Sinne einer Ontologie (siehe Kap. 2.2.2) haben. Bilder und Fotografien sind vielmehr kontingent (d.h. sie könnten auch etwas anderes zeigen, als es den Anschein hat) und bieten in ihrer Kontingenz **allenfalls Referenzpunkte**, wie etwas sein könnte, und nicht dafür, wie etwas wirklich ist. Über die Wahl des Ausschnitts, des Arrangements des Dargestellten, der Belichtung usw.

wird die „Geschichte", die mit dem Bild erzählt werden soll, zusammengefügt. Darauf, dass ein Bild nicht für sich alleine spricht, sondern sein Gehalt im Wesentlichen **von dem Kontext abhängt, in den man es stellt**, ist bereits an vielen Stellen hingewiesen worden (z.B. LIEBERT & METTEN 2007, BOEHM 2008). Diese Aspekte sowie die Möglichkeiten der Bearbeitung (Manipulation) von Bildern sind dabei keineswegs verwerflich.

„Manipulation" als Weltbezug?

Der Medienforscher JENS SCHRÖTER bringt das auf einen radikalen Punkt, wenn er konstatiert, dass „Manipulation" von Bildern keineswegs das Gegenteil des Weltbezugs (im Sinne einer Realität) sei, sondern gerade dessen Bedingung sein könne (vgl. SCHRÖTER 2004, S. 252). Er verweist damit darauf, dass wir über die Auswahl, Kriterien der Betonung und Markierung sowie durch die Nachbearbeitung jegliche Visualisierungen – auch in der Wissenschaft – manipulieren. Insofern sagt die „Manipulation" einer Abbildung mehr über den Bezug desjenigen zur Welt, der das Bild erstellt, als das, was das Bild dann zeigt. Visuelle Darstellungen sind damit **Anknüpfungspunkte des Weltbezugs der erstellenden Personen** und zeigen die Welt nicht, wie sie ist. Der Beitrag der wissenschaftlichen Geographie zur Visualisierungsflut, die uns täglich umbrandet, sollte also weniger darin bestehen, selbst möglichst viele Bilder zu erzeugen, als vielmehr darin, über die **Analyse der Produktionsbedingungen des Visuellen** Ordnung und Deutungshilfen für Bildverständnis und Bildproduktion geographischer Inhalte zu schaffen.

2.2.2 Realismus und Anti-Realismus: Einige erkenntnistheoretische Grundpositionen

Erkenntnistheoretische Position

Mit dem Nachdenken über den Zusammenhang von „Sehen" und „Tatsachen" sind wir bereits mittendrin in der Frage, **welchen Zugang wir überhaupt zur Realität** haben. In der Geographie sind hierzu verschiedene Sichtweisen aktuell, die sich zwischen den beiden Positionen „Realismus" und „Anti-Realismus" verorten lassen. Ich werde im Folgenden nur sehr verallgemeinernd und grob vereinfachend die Thesen des Realismus und des Anti-Realismus vorstellen können. Wenn Sie vor der Auseinandersetzung mit den erkenntnistheoretischen Überlegungen Ihre eigene (vielleicht nur implizit vorhandene) Position ermitteln möchten, um sie später mit einem möglichen Erkenntnisgewinn zu vergleichen, dann benutzen Sie jetzt bitte das „Erkenntnistheoretische Profil" (Tab. 1).

Zwei Grundbegriffe: Ontologie und Epistemologie

Bevor wir uns den erkenntnistheoretischen Positionen des Realismus und Anti-Realismus zuwenden können, benötigen wir zwei Grundbegriffe, um zu verstehen, worin das Problem eigentlich besteht:

- **Ontologie** (griech., dt. = Seinslehre) ist eine Disziplin der theoretischen Philosophie, die sich mit der Grundstruktur der Realität, des Seienden (dessen also, was existiert) beschäftigt. Die Ontologie sucht nach **fundamentalen Typen von Entitäten** (Wesenheiten), damit können Gegenstände, Eigenschaften oder Prozesse gemeint sein. Die Suche nach der Grundstruktur der Realität geht bereits auf ARISTOTELES zurück, und die Diskussion umfasst mittlerweile zahllose Unterscheidungen, subtile Differenzierungen und Überlegungen. Für uns zentral ist die Frage: **Gibt es**

Tab. 1: Erkenntnistheoretisches Profil (eigener Entwurf): Für einen Vorher-Nachher-Vergleich kopieren Sie das Profil und füllen es vor und nach dem Lesen (und Nachdenken) über das Kapitel über die erkenntnistheoretischen Grundpositionen aus. Wichtig: Es gibt bei diesem Profil keine „richtigen" oder „falschen" Antworten. Es soll allein dazu dienen, über eine eigene Positionierung zu den Grundaspekten wissenschaftlicher Erkenntnis nachdenken zu können. Hilfreich mag sein, für die einzelnen Aspekte Beispiele aus der eigenen Arbeit und der persönlichen Erfahrung zu suchen. Das Profil lässt sich auch in einer Lehrveranstaltung (z. B. als Einstieg in Wissenschaftstheorie) einsetzen. Für Erläuterungen siehe den Kasten auf der nächsten Seite (für einen Vorher-Nachher-Vergleich bitte erst nach dem Ausfüllen lesen).

		stimme völlig zu				stimme überhaupt nicht zu
1	Tatsachen sind den Beobachtern durch sorgfältige und unvoreingenommene Beobachtung direkt zugänglich.	☐	☐	☐	☐	☐
2	WissenschaftlerInnen streben nach Wahrheit, aber sie können sie nie finden.	☐	☐	☐	☐	☐
3	Es mag eine Welt außerhalb meines Bewusstseins existieren, aber der unmittelbare Zugang zu ihr ist mir verschlossen.	☐	☐	☐	☐	☐
4	Ich sehe, was ich sehe, und sehe nicht, was ich nicht sehe.	☐	☐	☐	☐	☐
5	Fakten belegen die Wahrheit wissenschaftlicher Aussagen.	☐	☐	☐	☐	☐
6	Tatsachen konstituieren eine stabile und verlässliche Basis für wissenschaftliche Erkenntnis.	☐	☐	☐	☐	☐
7	Die Wahrheit wissenschaftlicher Aussagen lässt sich nicht überprüfen.	☐	☐	☐	☐	☐
8	Tatsachen gehen der Theorie voraus und sind von ihr unabhängig.	☐	☐	☐	☐	☐
9	Nennenswerte Teile der Wirklichkeitsstrukturen sind unserem Erkennen zugänglich und werden von unserem Wissen erfasst.	☐	☐	☐	☐	☐
10	Was als Tatsache gilt, ist abhängig von der Beobachtung und von der sozialen Übereinkunft.	☐	☐	☐	☐	☐
11	Es gibt keine theorieunabhängige Beobachtung von Tatsachen.	☐	☐	☐	☐	☐
12	Mit fortschreitender Forschung wissen wir immer mehr und nähern uns der Wahrheit weiter an.	☐	☐	☐	☐	☐

Erläuterungen zum „Erkenntnistheoretischen Profil"
Die Aussagen repräsentieren die beiden Extrempositionen eines **(Naiven) Realismus** im Sinne von Empirismus oder Positivismus einerseits und des **(Radikalen) Konstruktivismus** andererseits. Beide Positionen sowie verschiedene Variationen davon werden aktuell in der Geographie vertreten. Der **Kritische Rationalismus** als wichtige wissenschaftliche Position wurde in dem Profil bewusst nicht aufgegriffen, da man sowohl aus einer realistischen als auch anti-realistischen Sicht Hypothesen falsifizieren kann, und diese Position daher nicht zur Schärfung eines erkenntnistheoretischen Profils beiträgt.
Aussagen 1, 5, 6, 8, 9 und 12 stehen für eine realistische Position – wer hier Extremwerte ankreuzt, erweist sich als VertreterIn des Empirismus, Positivismus oder Realismus. Die Aussagen 2, 3, 4, 7, 10 und 11 stehen für anti-realistische Positionen – wer hier die Extremwerte angekreuzt hat, erweist sich als VertreterIn eines (Radikalen) Konstruktivismus. Eine (möglicherweise unentschiedene) Zwischenposition erkennt man daran, dass keine oder nur wenige Extremwerte angekreuzt wurden.

eine Realität, die außerhalb unserer Wahrnehmung existiert? Denn das ist der entscheidende Punkt, an dem sich realistische und anti-realistische erkenntnistheoretische Positionen reiben und der auch einige der Verwerfungslinien innerhalb der Geographie begründet.

- Die unentschiedene Frage, ob eine Realität außerhalb unserer Wahrnehmung existiert, führt zwangsläufig zu Fragen der **Epistemologie** (griech., dt. = Erkenntnislehre). Während die Ontologie nach den fundamentalen Strukturen der Realität sucht, fragt die Epistemologie danach, **wie wir davon wissen können**. Zentrale Fragen dabei sind: Welche Erkenntnisse können als verlässlich oder wahr bezeichnet werden? Wann wissen wir also, dass wir eine wahre Aussage getroffen haben? Welche Kriterien können zur Beurteilung der Wahrhaftigkeit, Wahrheit oder Verlässlichkeit herangezogen werden? **Wie kommen wahre und gerechtfertigte Meinungen zustande, wie werden sie als solche erkennbar?** Wie kann man die zentralen Begriffe der Erkenntnistheorie, wie etwa Wissen oder Gewissheit, analysieren? Was genau ist Wissen und was ist Gewissheit, z.B. im Unterschied zum Glauben? Welche äußeren Bedingungen sorgen dafür, dass bestimmte Überzeugungen als gültig oder wahr in Betracht kommen (für den letzten Aspekt siehe auch Kap. 3.1)?

Realismus

Der Realismus markiert einen epistemologischen Extremwert, indem er – egal in welcher Denkart – **objektives Wissen für möglich** hält. Die Grundannahmen des Realismus lassen sich in drei Teilbehauptungen zusammenfassen (vgl. BAILER-JONES 2004, S. 141):

1. Es gibt eine Welt, die der Existenz nach von uns und unserem Bewusstsein unabhängig ist.
2. Die Wirklichkeit weist Beschaffenheiten und Strukturen auf, die von unserem Bewusstsein unabhängig sind.
3. Nennenswerte Teile der Wirklichkeitsstrukturen sind unserem Erkennen zugänglich und werden in unserem Wissen erfasst.

Der Wissenschaftliche Realismus bezieht sich dabei auf **beobachtbare** (empirisch fassbare) **und unbeobachtbare** (theoretische, weil unsichtbare, z.B. Neutrinos) **Entitäten**, da sonst wesentliche Teile der nicht unmittelbar beobachtbaren Welt aus der Wissenschaft ausgeschlossen wären (vgl. BARTELS 2007, S. 199ff.). Somit vertritt der Wissenschaftliche Realismus die Auffassung, dass die Wissenschaft uns Wissen von der Welt über ihre unmittelbar zugänglichen, empirischen Phänomene hinaus erschließt. Dabei haben sich unterschiedliche Thesen entwickelt, die zu verschiedenen Formen des Realismus geführt haben und die durch ihre Vertreter in unterschiedlicher Weise interpretiert werden (vgl. ebd.).

Wissenschaftlicher Realismus

So verweist der Ontologische Realismus darauf, dass die Akzeptanz einer wissenschaftlichen Theorie die Überzeugung einschließt, dass die durch die Theorie **benannten Objekte und Eigenschaften unabhängig** von unserer Erkenntnisfähigkeit und unseren sprachlichen Beschreibungen **existieren**.

Ontologischer Realismus

Der Semantische Realismus betont dagegen, dass Begriffe einer Theorie reale Referenzobjekte besitzen: Die Begriffe einer wissenschaftlichen Theorie **beziehen sich auf Gegenstände oder Eigenschaften der Wirklichkeit**. Die Wahrheit oder Falschheit der Aussagen einer wissenschaftlichen Theorie hängt von der Beschaffenheit der durch die Theorie beschriebenen Welt ab, also davon, ob die Gegenstände, auf welche die Theorie verweist, die ihnen zugeschriebenen Eigenschaften besitzen (dies entspricht in etwa der Korrespondenztheorie der Wahrheit, siehe Kap. 2.2.5).

Semantischer Realismus

Der Epistemische Realismus bezieht sich auf bereits vorhandene wissenschaftliche Theorien in so genannten „reifen" wissenschaftlichen Disziplinen (vgl. BARTELS 2007, S. 202) und geht davon aus, dass die **grundlegenden und allgemein akzeptierten Theorien** wenigstens **annähernd wahr** sind; schließlich wissen wir nur aufgrund dieser Theorien über die Entitäten in der Wirklichkeit, ohne sie wüssten wir nichts. Auf der Grundlage dieser Annahme erklärt sich auch die Behauptung, dass das wissenschaftliche Wissen sich im Laufe der Zeit immer stärker der Wahrheit annähert, eine Sichtweise, die auch der Wissenschaftstheoretiker **KARL POPPER** (1902–1994) im Rahmen seines Kritischen Rationalismus (s.u.) vertritt. Ein starkes Argument gegen diese Vermutung liefert die wissenschaftshistorische Erfahrung, die zeigt, dass selbst solche Theorien, die zu ihrer Zeit höchst erfolgreich waren, sich schließlich als falsch herausgestellt haben, wie z.B. die Theorie des Lichtäthers oder aber die Schrumpfungstheorien in den Erdwissenschaften. Hier ging man davon aus, dass die Erde durch allmähliche Abkühlung schrumpft und die dadurch entstehenden Spannungen zu Hebungen und Senkungen führen (wie bei einem schrumpelnden Apfel), welche schließlich als Berge und Täler das Relief der Erdoberfläche bilden (Erklärung für den Gebirgsbildungsprozess).

Epistemischer Realismus

Egal, welche Form des Realismus verfolgt wird, ihnen ist gemeinsam, dass sie von einer **stetig fortschreitenden Annäherung der Erkenntnis an die Wahrheit** ausgehen. Hierfür wird oftmals das Bild von einer allmählichen Entschleierung gebraucht, bei der die Erkenntnissuche eine Enthüllungsarbeit ist: Ein Schleier nach dem anderen wird weggezogen, und es zeigt sich schließlich die nackte Wahrheit.

„Allmähliche Entschleierung"

Der Realismus hat zu **verschiedenen wissenschaftstheoretischen Schulen** geführt, von denen ich vier kurz beleuchten möchte.

Empirismus

Der Empirismus geht vor allem auf eine britische Entwicklung zurück, in deren Zentrum die Überlegungen von **John Locke** (1632–1704), **George Berkeley** (1685–1753) und **David Hume** (1711–1776) stehen. Sie vertraten den Standpunkt, dass Erkenntnis von **Ideen** hergeleitet sein soll, **die allein auf der Sinneswahrnehmung beruhen** und nicht etwa auf „angeborenen Ideen", wie René Descartes (1596–1650) dies im so genannten Rationalismus vertrat. Jegliche Erkenntnis lässt sich nach diesem Verständnis aus den Sinneswahrnehmungen über Beobachtung oder Experiment ableiten, wobei eine „begriffsfreie Basis des Wissens in der Erfahrung" (Kambartel 1980b, S. 543) angenommen wird.

Positivismus

Der Positivismus als eine ebenfalls realistische wissenschaftstheoretische Position betont auch das Faktische, hat jedoch im Vergleich zum Empirismus eine etwas weitere und weniger psychologisch orientierte Vorstellung über die Rolle der Sinne. Der Positivismus geht zurück auf den Mathematiker und Philosophen **Auguste Comte** (1798–1857) und fasst wissenschaftstheoretische Strömungen zusammen, die Erkenntnis auf die **Interpretation** so genannter **positiver Befunde** beschränken. Das Wort „positiv" wird hierbei in Verbindung mit Tatsachenbefunden **im Sinne der naturwissenschaftlichen Praxis** verwendet; dort spricht man von einem „positiven Befund", wenn eine Untersuchung unter vorab definierten Bedingungen einen Nachweis erbringt. Es geht im Positivismus also um Befunde, die in der Welt außerhalb des menschlichen Bewusstseins existieren und die über Messung und Wahrnehmung erfahrbar und zu entdecken sind (vgl. Ganslandt 1980, Kambartel 1980a). Den größten Einfluss als erkenntnistheoretische Position entfaltete der Positivismus in der Nachfolge Auguste Comtes in den Naturwissenschaften an der Wende zum 20. Jahrhundert. Die **Gewissheit über die Erkennbarkeit der Welt durch Messung und genaue Beobachtung** als Grundlage naturwissenschaftlicher Forschung und Erkenntnis ist bis heute weitgehend ungebrochen.

Logischer Empirismus

Wissenschaftstheoretisch von besonderer Relevanz ist der Logische Empirismus (auch Logischer Positivismus oder Neopositivismus), der zwischen 1920 und 1950 vor allem im so genannten **Wiener Kreis** vorangetrieben wurde (einer Gruppe von Philosophen und Wissenschaftstheoretikern in Wien, die sich zwischen 1922 und 1936 wöchentlich trafen, vgl. Stöltzner & Uebel 2006). Der Logische Empirismus verbindet die Forderung nach einer Wissenschaft, die auf reiner Sinneswahrnehmung basiert, mit der modernen, weitgehend formalisierten Logik. Als **wissenschaftlich** gelten demnach nur **Sätze der empirischen Wissenschaft** und **Sätze über die logische Syntax der Wissenschaftssprachen** (vgl. ebd., Lorenz 1980). Der Logische Empirismus ist in diesem Sinne ein normatives Unterfangen (vgl. Bailer-Jones & Friebe 2009, S. 11), da es ihm eher um die methodische Form der Wissenschaft geht (und damit um den **Rechtfertigungszusammenhang**) und nicht darum, wie in der Praxis wissenschaftliche Erkenntnis gewonnen wird (**Erkenntniszusammenhang**). Der Logische Empirismus hat methodisch vor allem in der naturwissenschaftlichen Theorie- und Erfahrungspraxis bis heute eine große Bedeutung und dient dort als Grundlage wissenschaftlichen Arbeitens, ungeachtet der Kritik, dass die Behauptung, allein die Erfahrung gewährleiste wahre Erkenntnis, aus einer erkenntnistheoretischen Sicht nicht aufrechtzuerhalten ist, wenn noch nicht einmal der Satz „Alle

Abb. 4: Position des Realismus (schematisch): Ein Erkennen der Welt ist unmittelbar möglich, unsere Wahrnehmungen sind ein Abbild der Wirklichkeit (eigener Entwurf)

Erfahrungserkenntnis ist wahr." aus der Erfahrung her ableitbar und logisch begründbar ist.

Abbildung 4 fasst die erkenntnistheoretische Position des Realismus stark schematisiert zusammen. Ein Objekt in der Wirklichkeit (hier ein Tannenbaum) gibt uns objektive Informationen über sich selbst, indem es visuell erscheint. Wir nehmen diese Informationen über unsere Sinne (hier z. B. die Retina) auf, und über kognitive Verarbeitungsprozesse wird ein Abbild des Objektes gespeichert, gleichsam in einer Datenbank abgelegt. Die Idee über wissenschaftliche Erkenntnis lautet: Ein **Erkennen der Welt** ist möglich, wir müssen dazu nur **genau und detailliert beobachten und aufzeichnen**. Über den Fortschritt der Wissenschaft nähern wir uns so der Wahrheit über die Wirklichkeit immer stärker an (im Sinne des oben genannten Entschleierungsbildes).

Kritischer Rationalismus

Eine ebenfalls realistische, aber keineswegs naiv empiristische Position nimmt der Kritische Rationalismus ein, der in weiten Teilen der Wissenschaft, auch in der Geographie, vor allem aufgrund der Forderung nach grundsätzlicher Falsifizierbarkeit von Theorien eine maßgebliche Rolle spielt. Der Kritische Rationalismus ist eine Denkschule, die an das Programm der „Logik der Forschung" (1934) des wohl berühmtesten Wissenschaftsphilosophen des 20. Jahrhunderts, **Karl Popper** (1902–1994), anknüpft. Er kritisierte den damals vorherrschenden Induktivismus (siehe Kap. 2.3.1) und entwickelte daraus eine **deduktive Methodologie** (siehe Kap. 2.3.2, Popper 1994a). Ausgehend von der Überzeugung, dass alle **Erkenntnis nur vorläufigen Charakter** hat und sich in **empirischen Prüfungen** bewähren muss, erlaubt der Kritische Rationalismus nur Theorien, zu denen Experimente denkbar sind, mit denen die Theorien potenziell auch widerlegt werden können. Nach POPPERS Grundüberzeugung müssen wir „bei der Suche nach der Wahrheit am besten damit beginnen, die Ansichten, die uns am meisten bedeuten, einer strengen Kritik zu unterwerfen" (POPPER 1994b, S. 7). Die Bestätigung (Verifizierung) einer Theorie sei nicht der richtige Weg, um zu Erkenntnis zu gelangen, da die menschliche Erkenntnis fehlbar sei. Durch die Umkehrung des klassischen Versuchs, Theorien zu „beweisen", kommt POPPER zu der auf den ersten Blick kontraintuitiven Forderung, die Aufgabe der Wissenschaft sei es, ihre Theorien zu widerlegen bzw. mit adäquaten Experimenten Theorien „auszusieben". Durch dieses „Aussieben" falscher Theorien kommt man, so POPPER, der Wahrheit immer näher, ohne jedoch jemals den Anspruch auf Sicherheit oder auch nur Wahrscheinlichkeit erheben zu können.

Prinzip der Falsifikation

Die **Hypothesen**, die geprüft werden sollen, sind **voraussetzungsfrei**, sie dürfen und sollen frei erfunden werden. In den Überprüfungsexperimenten werden die Ergebnisse als Basissätze im Vorhinein festgelegt. Bei ihrer Formulierung gelten keine Regeln. POPPER verwendet in diesem Zusammenhang sogar das Wort „willkürlich", um zu verdeutlichen, dass die Basissätze nicht rational zu rechtfertigen sind. Durch sie können dann Hypothesen falsifiziert (widerlegt) werden, wenn die Folgerungen, die aus ihnen gezogen werden, sich im Experiment nicht bestätigen. Auf diese Weise setzen sich in einem **evolutionsartigen Selektionsprozess** diejenigen Theorien durch, deren **Widerlegung misslingt**, die also bestätigt werden. Überleben die Theorien die empirische Überprüfung durch Experimente, so ist das nicht als Beweis zu verstehen, sondern es steigt allenfalls die Wahrscheinlichkeit für ihre Richtigkeit. Dieses Instrument der Widerlegung hat POPPER unter dem Namen „Falsifizierung" eingeführt. Mithilfe der Falsifikation soll jede aufgestellte Theorie aktiv angegriffen werden, und dies intensiv und immer wieder. POPPER betont zwar auch die Notwendigkeit der **Kreativität beim Aufstellen einer Theorie**; wichtig für den **Fortschritt** sei allerdings vor allem ihre **kritische Überprüfung**, die nur von den „wahrheitsnächsten" Theorien bestanden werden kann. Ein Satz, der etwas über die Realität aussagt, muss seiner Form nach widerlegbar sein; Sätze, die nicht widerlegbar („Der Teufel hat acht schwarze Krallen.") oder tautologisch sind („Morgen regnet es, oder auch nicht."), liefern keinen Erkenntnisgewinn (für eine grundlegende Kritik am Falsifikationismus siehe Kap. 3.1.2).

Unterschiede: Kritischer Rationalismus und Logischer Empirismus

Zwischen dem Kritischen Rationalismus **KARL POPPERS** und dem Logischen Positivismus des **Wiener Kreises** (beides bedeutende theoretische Ansätze des 20. Jahrhunderts) bestehen zentrale Unterschiede, von denen einige hier hervorgehoben werden (vgl. NECK 2008, S. 12f.):

- Der Logische Positivismus ist Empirismus, verlangt also, dass Wissenschaft von der begriffsfreien Beobachtung **von Tatsachen ausgehen** muss. Dagegen betont der Kritische Rationalismus, dass jede wissenschaftliche Untersuchung ihren **Ausgang von Problemen** (und nicht irgendwelchen „Tatsachen") nehmen muss und Beobachtungen dabei keineswegs begriffsfrei sein können, sondern immer theoriegeleitet sind.
- Der Logische Positivismus behauptet und versucht die Entwicklung einer **induktiven Logik** (siehe Kap. 2.3.1), während der Kritische Rationalismus

POPPERS im Anschluss an DAVID HUME die Unmöglichkeit induktiver Schlüsse betont und alles wissenschaftliche Schließen auf **Deduktion** begründet sieht.
- Der Logische Positivismus betrachtet die Möglichkeit der **Verifikation** als entscheidendes Sinnkriterium, wonach nur verifizierbare Sätze sinnvolle Sätze sind. Der Kritische Rationalismus dagegen setzt auf das Prinzip der **Falsifikation** wissenschaftlicher Sätze, wobei dies aber nicht als Sinnkriterium, sondern als Abgrenzungskriterium wissenschaftlicher von nichtwissenschaftlichen (aber potenziell sinnvollen) Sätzen betrachtet werden muss.
- Der Logische Positivismus strebt **sichere Erkenntnis als Ziel** wissenschaftlicher Untersuchung an, während der Kritische Rationalismus bewusst auf Sicherheit der Erkenntnis und Letztbegründungen (weil unerreichbar) verzichtet und sich mit dem bescheideneren Ziel der **Hoffnung auf Annäherung an die Wahrheit** (oder Wahrheitsähnlichkeit) begnügt.

Wahrheit

Gerade dieser letzte Punkt weckt Zweifel, ob KARL POPPER in dieser Hinsicht nicht eher eine anti-realistische Position vertritt (siehe nächsten Abschnitt). Dennoch hält er an dem Begriff einer **absoluten Wahrheit** fest und lehnt jeglichen Relativismus im Sinne einer Abhängigkeit der Wahrheit von den Umständen ab. Die fortwährende **Bewährung von Hypothesen im Falsifikationstest** ist letztlich ein Versuch der Annäherung an eine letzte Wahrheit. Auch wenn diese als nicht erreichbar erscheint, sucht der Kritische Rationalismus eine Referenz in der Realität – in diesem Sinne ist er unter den realistischen Positionen einzuordnen.

Anti-Realismus: Solipsismus

Dem Realismus als Extremwert gegenüber stehen solipsistische Epistemologien (von lat. *solus* = allein und *ipse* = selbst), die den erkenntnistheoretischen Standpunkt vertreten, dass **nur das eigene Ich existiert**, während alles andere (andere Menschen und die gesamte Welt außerhalb des eigenen Bewusstseins) nur Teil des Bewusstseins dieses Ichs sind. Solipsistische Positionen haben keinerlei Verankerung in einer realistischen Basis, da sie die **Realität von Objekten** (außer des eigenen Ichs) generell **verneinen**. In dieser Perspektive ist alles Erkennen ein Produkt des eigenen Geistes, eine Schimäre, die jeglichen Referenzpunkt in der Wirklichkeit entbehrt, da die Existenz der Welt selbst bezweifelt wird. Ein Solipsist ist mit sich und seinen Vorstellungen über die Welt allein und lebt gleichsam in einer **kognitiven Einsamkeit**, denn die Entitäten, die sein Bewusstsein bevölkern, sind für ihn nicht beweisbar. In der Geographie ist diese extreme erkenntnistheoretische Position bislang nicht ernsthaft zu finden, ebenso wenig wie in anderen Wissenschaften (er wird vielmehr vor allem von Kritikern gegen den Konstruktivismus (s. u.) eingesetzt, indem behauptet wird, jegliche konstruktivistische Perspektive führe unausweichlich zu einer solipsistischen Position).

Konstruktivismus

Eine Zwischenposition zwischen den Extremwerten des Realismus einerseits und des Solipsismus andererseits nimmt der Konstruktivismus ein. Es ist ein systematisches Alternativprogramm zum Realismus und eine interdisziplinäre Denkschule mit stark **naturwissenschaftlich-biologischen Wurzeln**, in der davon ausgegangen wird, dass wir die Grundlage der Wissenschaften entweder in der vorwissenschaftlichen Lebenspraxis (**Sozialkonstruktivismus**) oder in unserer sozialen und biologischen Strukturiertheit

(**Radikaler Konstruktivismus**) zu suchen haben. Die vorwissenschaftliche Lebenspraxis ist uns nicht schlicht gegeben, sondern hält bereits eine von uns aufgebaute soziale Ordnung und normative Orientierung für das wissenschaftliche Vorgehen bereit. Jede Wahrnehmung, und damit auch jede wissenschaftliche Arbeit, erfolgt in einem spezifischen Kontext. Diese Annahme steht der im Empirismus geforderten „begriffsfreien Basis des Wissens in der Erfahrung" (s.o.) diametral entgegen.

Unter dem **Sammelbegriff des Konstruktivismus** werden **verschiedene Strömungen** zusammengefasst, die – trotz der Gleichheit des Begriffs – auf ganz unterschiedlichen Argumenten basieren (vgl. KNORR-CETINA 1989). Ich werde im Folgenden vor allem den Ansatz des Radikalen Konstruktivismus vorstellen, da dieser dezidiert erkenntnistheoretische Ambitionen verfolgt.

„Kampfvokabel" Konstruktivismus

Darüber hinaus ist eine Abgrenzung zwischen Radikalem und Sozialem Konstruktivismus notwendig, denn letztere Perspektive hat in den Sozialwissenschaften eine überaus weite Verbreitung gefunden und sich sogar laut dem Wissenschaftsphilosophen IAN HACKING zu einer „Kampfvokabel" entwickelt, die den „Krieg zwischen den Wissenschaften" befeuere (HACKING 2002, S. 7f.). Gemeint ist damit die **Kluft zwischen den Naturwissenschaften** einerseits, die sich in weiten Teilen – aber nicht durchgängig – als Realisten verstehen, **und den Sozial- und Geisteswissenschaften** andererseits, die oftmals – aber auch nicht durchgängig – anti-realistische Positionen beziehen. Beide konstruktivistischen Positionen spielen auch in der (Human-)Geographie eine Rolle – in dieser Hinsicht spiegelt sich der „Krieg der Wissenschaften" auch in der Geographie wider, als Kluft zwischen Human- und Physiogeographie.

Sozialkonstruktivismus

PETER L. BERGER und THOMAS LUCKMANN weisen in ihrem nach wie vor grundlegenden Band von 1966 über „Die gesellschaftliche Konstruktion der Wirklichkeit" darauf hin, dass die Kriterien für jede Art von Wirklichkeit sozialen Charakter haben. Ihr Interesse gilt der Wissensproduktion und dem kulturellen Lernen in der Alltagswelt. Sie verfolgen die Frage, „wieso und auf welche Weise ‚Wirklichkeit' in menschlichen Gesellschaften überhaupt ‚gewußt' werden kann" (BERGER & LUCKMANN 2009, S. 3). Alles Wissen wird in gesellschaftlichen Situationen entwickelt, vermittelt und bewahrt, und die Frage ist, wie sich ein derart **gesellschaftlich entwickeltes, vermitteltes und bewahrtes Wissen** für sowohl „den Mann auf der Straße" als auch für Menschen in der Wissenschaft zu einer außer Frage stehenden „Wirklichkeit" manifestiert. Die Antwort von BERGER und LUCKMANN lautet: Die Wirklichkeit wird über einen **Prozess mit verschiedenen Schritten** zur „sozialen Wirklichkeit", indem zunächst Verhalten habitualisiert und typisiert, individuelle Erfahrung verobjektiviert und anschließend in Form von Erzählungen kollektiviert, institutionalisiert und „erhärtet" wird. Durch die Weitergabe schließlich lässt sich die so hergestellte soziale Wirklichkeit in Tradition überführen. Es beginnt also mit ungefestigten Handlungen, die über Wiederholung, Routinisierung, Internalisierung von Erwartungen, sprachlichen Kategorisierungen, Übertragung auf die nächste Generation usw. zu festen und auch als fest erfahrenen Arrangements werden. Wissen über die Wirklichkeit entsteht so im Gefüge der Gesellschaft durch einen **Rekurs auf dessen „Vorgeschichte"** (vgl. KNORR-CETINA 1989, S. 88). Ohne Geschichte wissen wir nichts, da alle Begriffe und Entitäten bereits sozial vorstrukturiert sind.

Soziale Konstruiertheit naturwissenschaftlicher Phänomene

Die soziale Konstruiertheit des Wissens über die Wirklichkeit beschränkt sich nicht allein auf gesellschaftliche Phänomene wie beispielsweise kulturelle Zugehörigkeit, Gender (das „soziale Geschlecht"), Risiko, Krankheit oder die Wissenschaft selbst. Auch naturwissenschaftliche Phänomene sind in dieser Perspektive nichts anderes als soziale Konstruktionen (vgl. hierzu HACKING 2002, S. 100ff.). **ANDREW PICKERING** beispielsweise zeigt in seiner Arbeit „Constructing Quarks", in der es immerhin um so etwas Grundlegendes wie die Bausteine des Universums geht, dass auch das **Wissen über Quarks** ein **Produkt sozialer Konstruktion** ist (PICKERING 1984). Er meint damit nicht, dass die Vorstellung, also die „Idee", von Quarks sozial konstruiert sei, das wäre ein banaler Befund. Auch zielt er nicht darauf ab, dass die Gegenstände selbst, die Quarks, eine Konstruktion seien. Vielmehr zeigt er auf, dass die **Theorie der Quarks keineswegs unvermeidlich** war, die Forschung also nicht zwangsläufig zu dieser Theorie geführt haben muss. Auf der Grundlage einer sehr detaillierten Analyse der *Praxis* der Forschenden (Publikationen, Gespräche, welche Personen wann mit welchen anderen Kontakt hatten und in welchem Umfeld sie arbeiteten, Durchsetzungsstrategien von Informationen usw.) in der Hochenergiephysik der 1960er- und 1970er-Jahre zeigt er auf, dass es durchaus auch andere Möglichkeiten zur Theorieentwicklung gegeben hat. Die Theorie der Quarks hat sich durchgesetzt, aber nicht deswegen, weil sie wahr ist, sondern weil sie ein **Ergebnis der Praxis des wissenschaftlichen Vorgehens** war. Die Theorie der Quarks erweist sich somit als **kontingent**, als auch anders möglich (zu den Bedingungen und Strukturen von Wissenschaft im Allgemeinen sowie zu den Möglichkeiten von „Alternativwissenschaften" siehe auch Kap. 3.1). Dieser Befund zu der Entwicklung der Theorie über Quarks gibt begründeten Anlass zu einem generellen Misstrauen hinsichtlich der Eindeutigkeit und Richtigkeit von Theorien, ein Misstrauen, das bereits seit Kapitel 2.1 geschürt sein sollte.

Sozialer Konstruktivismus keine Erkenntnistheorie

Mit der Annahme einer „sozialen Konstruiertheit" von etwas ist noch nichts über eine erkenntnistheoretische Dimension gesagt. Interessanterweise verstehen sich die Begründer dieser Denkrichtung, PETER BERGER und THOMAS LUCKMANN, selbst nicht als „Konstruktivisten" und möchten ihre Arbeit ausdrücklich **nicht als einen Beitrag zur Erkenntnistheorie** verstanden wissen (vgl. BERGER & LUCKMANN 2009, S. 14). Sie halten epistemologische Fragen sogar einer empirischen Arbeit für abträglich und als nicht der Empirie zugehörig:

> „Wie kann ich mich zum Beispiel auf meine soziologische Analyse der Sitten des amerikanischen Mittelstandes verlassen, wenn einerseits die Kategorien, die ich verwende, historisch bedingt sind, wenn andererseits ich selbst und alles, was ich denke, von meinen Genen oder meiner tiefsitzenden Feindseligkeit den Mitmenschen gegenüber bestimmt ist und schließlich ich selbst zu allem Überfluß auch noch Angehöriger der amerikanischen Mittelklasse bin?" (BERGER & LUCKMANN 2009, S. 14).

Die Autoren haben damit das **zentrale Problem theorieloser empirischer Forschung** erfasst, interessanterweise jedoch daraus nicht die Konsequenz gezogen, dass diese Fragen auch in der Wissenssoziologie (ihrem Forschungsfokus) zentral sind. Denn genau die genannten Aspekte müssen für eine „gute wissenschaftliche Praxis" berücksichtigt werden (siehe hierzu auch Beobachtung zweiter Ordnung in Kap. 2.2.3) – wie sonst sollte die Güte einer Studie beurteilt werden können, wenn diese Ausgangsparameter der Hypothesenbildung ungenannt bleiben sollen? Ungeachtet dieser „Skrupellosigkeit" erkenntnistheoretischen Fragen gegenüber, erweist sich ihre Arbeit zur gesellschaftlichen Konstruktion der Wirklichkeit bis heute als überaus viabel (d.h. brauchbar; siehe z.B. Abels 2009).

Radikaler Konstruktivismus

Der Radikale Konstruktivismus hat im Gegensatz zum Sozialen Konstruktivismus einen **dezidierten erkenntnistheoretischen Anspruch**. In seiner Kernaussage besagt er, dass ausnahmslos **jede Wahrnehmung eine Konstruktion** aus Sinnesreizen und Gedächtnisleistung **eines Individuums** ist. Konsequenterweise ist damit jede Wahrnehmung abhängig von einer beobachtenden Person. Vertreter des Radikalen Konstruktivismus lehnen jegliche Abbildtheorien (vgl. Abb. 4, S. 31) und realistischen Konzepte von Wahrnehmung ab, ohne damit gleichzeitig eine Aussage über die Ontologie zu treffen.

Ontologieverständnis

Während die Frage nach der Möglichkeit der **Existenz einer** von unserem Bewusstsein **unabhängigen Wirklichkeit** sowohl von einem Realisten als auch von einem Solipsisten eindeutig beantwortet wird (allerdings mit sehr gegensätzlichem Ergebnis, da für den einen eine Außenwelt selbstverständlich existiert und für den anderen selbstverständlich nicht), verweist der Konstruktivismus darauf, dass dies **ein Problem der Metaphysik** (d.h. des Glaubens) ist: Die Frage nach der Existenz einer Außenwelt ist letztlich eine Entscheidung über eine unentscheidbare Frage, weil jeder Versuch einer Antwort an einen Beobachter gekoppelt ist. Die Annahme (oder Verweigerung) einer beobachterunabhängigen Realität wird somit zu einer Setzung (d.h. Ausgangsannahme), die sich nicht letztgültig beweisen lässt. Eine objektive Erkenntnis der Welt ist aus dieser Perspektive unerreichbar, da wir keinen unmittelbaren Zugang zu der Welt haben, die möglicherweise außerhalb unseres Bewusstseins existieren mag. Es ist gerade die **Beobachterrelativität** (siehe hierzu auch Kap. 2.2.3) allen Erkennens, die den Konstruktivismus als eine **radikale Erkenntnistheorie** auszeichnet.

Naturwissenschaftliche Wurzeln

Als wissenschaftstheoretische Position geht der Radikale Konstruktivismus vor allem auf den **Entwicklungspsychologen** Ernst von Glasersfeld und den **Physiker und Philosophen** Heinz von Foerster zurück. Aber auch in zahlreichen anderen Disziplinen führten wissenschaftliche Befunde zu einer konstruktivistischen Perspektive (vgl. Pörksen 2006, S. 29ff.). Das sind vor allem die **psychologischen Arbeiten zur Schematheorie** von Jean Piaget sowie aus der **psychotherapeutischen Praxis** nach Paul Watzlawick; die **Kybernetik zweiter Ordnung** nach Heinz von Foerster; die **wahrnehmungsbiologischen Arbeiten** von Humberto R. Maturana und Francisco J. Varela sowie die **Arbeiten zur Algebra** von George Spencer-Brown, die dem Konstruktivismus seine naturwissenschaftliche Fundierung geben.

Der „Baum der Erkenntnis"

Die erkenntnistheoretische Grundposition des Radikalen Konstruktivismus ist in Abbildung 5 mit dem „Baum der Erkenntnis" zusammengefasst. Die Zeichnung symbolisiert die **Geschlossenheit und Zirkularität unseres Erkenntnisvermögens**. Das Chamäleon sind wir und die Früchte der Erkenntnis, an denen wir naschen, sind die Früchte unserer Wahrnehmung, mit der wir unsere Welt konstruieren. Humberto R. Maturana und Fran-

Abb. 5: Position des Konstruktivismus: Die Welt entsteht durch unsere Erkenntnis und ist damit Teil unseres Selbsts (Zeichnung: MARCELLO MATURANA, aus: MATURANA & VARELA 2005, S. 258)

CISCO J. VARELA haben aus biologischer Sicht dargelegt, dass unsere Erfahrung in unauflöslicher Weise mit unserer physiologischen Struktur verknüpft ist. So sehen wir nicht den Raum der Welt, sondern jeder von uns erlebt sein eigenes visuelles Feld. Wir sehen auch nicht die Farben von irgendwelchen Objekten in der Welt, sondern erleben unseren eigenen spezifischen chromatischen Raum. Wir sind es also, die die Welt durch unser Erkennen überhaupt erst hervorbringen: **Die Welt entsteht durch unser Erkennen.** Insofern ist die Welt Teil unseres Selbsts.

> „Dennoch sind wir ohne Zweifel in einer Welt. Aber wenn wir näher untersuchen, wie wir dazu kommen, diese Welt zu erkennen, werden wir immer wieder finden, dass wir die Geschichte unserer biologischen und sozialen Handlungen von dem, *wie* uns die Welt erscheint, nicht trennen können. Dies ist so augenfällig und naheliegend, daß es besonders schwer zu erkennen ist" (vgl. MATURANA & VARELA 2005, S. 28).

Wie funktioniert Forschung auf radikalkonstruktivistischer Grundlage?

Aus einer konstruktivistischen Perspektive ist jegliche Erfahrung und alles Welterleben – ob im Alltag oder in der wissenschaftlichen Arbeit – ein Produkt unserer eigenen kognitiven Leistungen. Im Alltag scheint das nicht weiter hinderlich zu sein, dort erleben wir vielleicht sowieso die Vielfalt des Möglichen von Wahrnehmungen und Lebensausprägungen. Für die wissenschaftliche Arbeit jedoch stellt sich im Hinblick auf ein **konstruktivistisches Erkenntniskonzept** die grundlegende Frage: **Wie lässt sich** mit einer derartig relativistischen Position, die überall Kontingenzen produziert, **überhaupt wissenschaftliche Erkenntnis erlangen?** Vor allem, wenn nach wie vor als Auftrag der Wissenschaft gilt, Ordnung in die uns chaotisch gegenübertretende Welt zu bringen? Eine ganz **gängige (Fehl-)Interpretation** des Konstruktivismus ist dabei der **Vorwurf der Beliebigkeit**, bei dem letztlich erkenntnistheoretischer und ethisch-moralischer Relativismus gleichgesetzt werden. Die Subjektabhängigkeit von Wahrnehmung – so der Vorwurf – sei ein Freibrief für willkürliche Befunde und beliebige Meinungen, da es ja keine Regel gäbe, welche Welt konstruiert würde. Unter einer subjektabhängigen Welterkenntnis gäbe es keine gesicherten Maßstäbe mehr, um über die Qualität von Aussagen überhaupt entscheiden zu können – ja, das Fundament wissenschaftlicher Arbeit werde über diese Erkenntnistheorie zerstört, da sie geradewegs zum „Erfinden" von Erkenntnissen oder Welten einlade.

Verantwortung

Der Journalist und Kommunikationswissenschaftler BERNHARD PÖRKSEN hält dem entgegen, dass gerade das Argument der „Beobachterabhängigkeit alles Erkennens als Begründung einer auf das Individuum bezogenen

Verantwortungsethik dienen kann" (PÖRKSEN 2006, S. 53). Im Umkehrschluss lautet die These dann: **Realistische Erkenntnisansätze** erlauben es, **jegliche Verantwortung** für ihre Erkenntnisse **abzuwehren**, zu depersonalisieren und sich aus der Affäre zu ziehen, da ihre Vertreter sich als unbeteiligte Beobachter verstehen. Eine **konstruktivistische Position** dagegen erkennt die Beteiligung an den Produkten der eigenen Erkenntnis an, was zu einem **Bekennen von Verantwortlichkeit** führt (siehe Kap. 2.2.5 und Kap. 3.1.4).

Modifizierter Realitätsbegriff

Darüber hinaus zwingt der Radikale Konstruktivismus keineswegs dazu, auf einen Realitätsbegriff zu verzichten, sondern allenfalls dazu, ihn zu modifizieren. Der **Test über die Realität von Aussagen** bleibt in dieser Perspektive immer und unvermeidlich ein interner Test, der die Aussage an dem überprüft, was uns allein zugänglich ist: die **eigene Lebenswirklichkeit** (LUHMANN 1994, S. 10, PÖRKSEN 2006, S. 61).

Konstruktivismus als Irritationsprogramm

In diesem Sinne lässt sich der Konstruktivismus als ein „Irritationsprogramm" (PÖRKSEN 2006, S. 21) begreifen, das **keine Antworten bietet** und **keine Lösungen hervorbringt**, sondern das als ein Mittel eingesetzt werden kann, um „gegen die Alltagsevidenz und eine immer drohende dogmatische Selbstversiegelung vorzugehen" (ebd.), die uns in der wissenschaftlichen Arbeit ständig bedroht. Eine konstruktivistische Sichtweise zwingt seine Vertreter zu einer Abkehr vom Absoluten und gleichzeitig zu einer ständigen Auseinandersetzung mit der Differenz von Perspektiven, die durch die Abhängigkeit jeder Wahrnehmung durch die beobachtende Person zwangsläufig vorhanden sind. **Wissen** ist in diesem Sinne nicht als ein Ergebnis wissenschaftlicher Arbeit zu verstehen, sondern **als Tätigkeit**, da jede Erkenntnis ein aktives Tun darstellt (vgl. GLASERSFELD 1997, S. 43, MATURANA & VARELA 2005, S. 31 f.).

Der Radikale Konstruktivismus liegt quer zu jeglicher anderer Erkenntnistheorie und lässt sich auch mit keinem der anderen Ansätze kombinieren:

> „Aus eben diesem Grunde, dass der Radikale Konstruktivismus einen radikalen Umbau der Begriffe des Wissens, der Wahrheit, der Kommunikation und des Verstehens erfordert, kann er mit keiner traditionellen Erkenntnistheorie versöhnt werden. Vor allem scheint es enorme Schwierigkeiten zu bereiten, dass der Radikale Konstruktivismus keine Weltanschauung ist, die beansprucht, das endgültige Bild der Welt zu enthüllen. Er beansprucht nicht mehr zu sein als eine kohärente Denkweise, die helfen soll, mit der prinzipiell unbegreifbaren Welt unserer Erfahrung fertig zu werden, und die – was vielleicht besonders wichtig ist – die Verantwortung für alles Tun und Denken dorthin verlegt, wo sie hingehört: in das Individuum nämlich" (GLASERSFELD 1997, S. 50 f.).

Weiterführende Literatur

Im Rahmen dieser Einführung ist es nicht möglich, noch weiter auf die verschiedenen, teilweise sich nur in subtilen philosophischen Differenzierungen unterscheidenden erkenntnistheoretischen Perspektiven von Realismus und Konstruktivismus im Detail einzugehen. Wer sich hier weiter einarbeiten möchte, siehe beispielsweise bei BAILER-JONES 2004, BARTELS 2007 oder ENGLER 2008 für **Realismus**, für **Sozialen Konstruktivismus** bei ABELS 2009, BERGER & LUCKMANN 2009, DEMERITT 2002 und PROCTOR 1998 sowie für **(Ra-**

dikalen) Konstruktivismus bei FOERSTER 1981, GLASERSFELD 1981 und 1997, MATURANA & VARELA 2005 und WATZLAWIK 1981.

Politisierung der Wissenschaften/ Kritische Theorie

Eine Übersicht der Suche nach dem Erkennen des Erkennens kann nicht geschrieben werden, ohne wenigstens kurz auf Konzepte zu verweisen, die sich **gegen** das Verständnis von **Wissenschaft als rein akademische** und von der Gesellschaft losgelöste **Arbeit** stellen und stattdessen eine Politisierung der Wissenschaften fordern. Die Kritische Theorie ist vor allem eine Kritische *Gesellschafts*theorie, die in der Regel synonym zu dem Namen **„Frankfurter Schule"** gesetzt wird. Sie stellt eine der einflussreichsten gesellschaftskritischen Wissenschaftsschulen des 20. Jahrhunderts dar und ist eng mit dem Namen ihres langjährigen Leiters **MAX HORCKHEIMER** sowie mit einigen ihrer berühmteren Mitglieder wie HERBERT MARCUSE, THEODOR W. ADORNO, ERICH FROMM und später JÜRGEN HABERMAS verbunden. Auf der Grundlage sozialempirischer Erhebungen zielte die Arbeit des bereits 1923 gegründeten *Instituts für Sozialforschung* seit seinen Anfängen darauf ab, in Anlehnung an die marxistische Philosophie praxisanleitend zur Veränderung, ja zur **Revolutionierung der gesellschaftlichen Verhältnisse**, vor allem dann nach dem Ende des Faschismus, zu wirken (vgl. REGENBOGEN 1990). Die Frankfurter Schule protestierte gegen die „kontemplative" (beschauliche) Haltung traditioneller Philosophen gegenüber politischen Fragen und forderte eine **Einmischung der Wissenschaften in gesellschaftliche und politische Diskussionen**. Dieser Vorwurf mündete schließlich in einer jahrelangen Auseinandersetzung, die unter dem Begriff des **Positivismusstreits** in die deutsche Wissenschaftsgeschichte einging (aus heutiger Sicht muss man wohl nicht nur von einem, sondern eher von drei Positivismusstreiten ausgehen, vgl. DAHMS 2008).

Der Kritischen Theorie ist es zu verdanken, dass zu einer Zeit, als der Sozialismus öffentlich geächtet wurde (z. B. durch Berufsverbote für Anhänger der KPD, der Kommunistischen Partei Deutschlands), wesentliche Elemente einer marxistischen Philosophie in der kritischen Sozialwissenschaft tradiert wurden. Eine **„wahre" Erkenntnis** erfolgt aus dieser Perspektive vor allem **über das „richtige Bewusstsein"**, gemeint ist damit die „richtige" Gesellschaftstheorie. Und „richtig" heißt dann: die **marxistische Perspektive**, die gesellschaftliche Entwicklung als ein Ergebnis von Ausbeutungsverhältnissen begreift. Betroffene von Ausbeutungsverhältnissen (etwa Arbeiter in Industriebetrieben), die sich selbst nicht als Ausgebeutete verstehen, haben in dieser Perspektive sozusagen das „falsche Bewusstsein" und sind somit zu „wahrer" Erkenntnis nicht fähig. Mit dieser Orientierung an der richtigen (oder falschen) Gesellschaftstheorie als Grundlage für das Erkennen der Problemlagen der Welt ist die Kritische Theorie unter den **anti-realistischen erkenntnistheoretischen Positionierungen** einzuordnen. Heute lässt sich unter dem Begriff der Kritischen Theorie keine einheitliche philosophische Schule mehr fassen, da sich das Selbstverständnis ihrer Vertreter zu stark unterscheidet (vgl. REGENBOGEN 1990, S. 114). In der Geographie spielt diese Denkrichtung vor allem in der ***Radical Geography*** (in Deutschland als Kritische Geographie) eine Rolle, die auf der Basis von marxistischen Ansätzen der Frage nach den **gesellschaftlichen und politischen Zusammenhängen** bei der **Produktion von Räumen** nachgeht (vgl. BELINA & MICHEL 2007, BELINA et al. 2009, EISEL 2009).

Strukturalismus

Mit dem Begriff des Strukturalismus wird eine **methodologisch-theoretische Strömung** bezeichnet, die sich vor allem in **Frankreich in den 1960er-Jahren** in verschiedenen humanwissenschaftlichen Disziplinen durchsetzte (vgl. STADLINGER 1990). Der Strukturalismus nahm seinen Anfang in der **Analyse von Sprache**, die – selbst bereits ein außerordentlich komplexer Gegenstand – als Modell für die Analyse der Erscheinungen anderer Bedeutungen dient, welche nicht eigentlich sprachlicher Natur sind (vgl. FOUCAULT in STADLINGER 1990, S. 466). So existiert ein Wort nicht als ein Zeichen, das etwas Substanzielles „an sich" (im Sinne einer Realität) bedeutet, sondern es erhält seine Bedeutung durch seine – teilweise gegensätzlichen – Beziehungen zu anderen Elementen der Sprache. In der Konsequenz muss nicht das einzelne Zeichen (oder eine einzelne Aussage), sondern die **Struktur der Sprache**, in der das Zeichen verwendet wird, untersucht werden. Die unterschiedlichen strukturalistischen Ansätze folgen eher Grundannahmen als einem gemeinsamen Forschungsprogramm. Ihr Interesse gilt der Struktur im Sinne einer **Gesamtheit der Bedingungen**, nach denen sich eine Praxis vollzieht oder ein Objekt erscheint. Die Annahme lautet: Es ist die Gesamtheit der Bedingungen (Struktur), die die **Funktionalität der Teile im Zusammenhang einer Ganzheit** bedingt. Ein einzelnes Objekt (eine Erscheinung wie eine soziale Handlung, ein Satz oder ein Wort) kann nicht unabhängig für sich genommen, also losgelöst von einem Kontext betrachtet werden. Vielmehr individuiert es sich (d.h. es entwickelt eine eigene, spezifische Struktur) innerhalb eines Gesamtzusammenhanges und begründet erst im Rahmen eines Kontextes seine Realität als Seiendes. Das Forschungsinteresse des Strukturalismus liegt weniger in den Kausalbeziehungen oder einer ideengeschichtlichen Analyse von Objekten, sondern vielmehr in der Struktur, die den Objektstatus für eine Erscheinung überhaupt erst ermöglicht. Die Übertragung der Überlegungen zu der fundamentalen Rolle der Sprache auf andere Phänomene hat zu einem starken **strukturalistischen Schub in den Humanwissenschaften** vor allem in den **1970er- und 1980er-Jahren** geführt.

Poststrukturalismus

Für die Geographie bedeutsamer als der Strukturalismus ist der Poststrukturalismus in der Nachfolge von unterschiedlichen Ansätzen, die mit den Namen MICHEL FOUCAULT, JACQUES DERRIDA, GILLES DELEUZE, CLAUDE LÉVI-STRAUSS, JULIA KRISTEVA, JACQUES LACAN, LOUIS ALTHUSSER, JEAN BAUDRILLARD, JUDITH BUTLER oder ROLAND BARTHES verbunden sind. Irritierenderweise ist jedoch selbst **einer der führenden Vertreter** dieser Richtung, **MICHEL FOUCAULT**, darüber verwundert, dass er als Poststrukturalist verstanden wird, da ihm unklar sei, „was das gemeinsame Problem jener ist, die man die Postmodernen oder Poststrukturalisten nennt" (vgl. FOUCAULT 1982). Im Gegensatz dazu habe hinter dem Strukturalismus zumindest ein „gewisses Problem" gestanden, nämlich die Frage nach dem Subjekt und die Neuformierung des Subjekts. So ist es dann auch wirklich nicht einfach, eine durchgängige Abgrenzung zwischen Strukturalismus und Poststrukturalismus zu finden. Den verschiedenen, eher poststrukturalistischen Arbeiten gemeinsam ist die **Kritik an normativen Vorstellungen** sowie an **strukturierenden Begriffen** und **theoretischen Prinzipen** allgemein. Es geht daher im Poststrukturalismus nicht um die Etablierung einer neuen theoretischen Denkschule, sondern vielmehr um eine bestimmte **Art zu denken und zu**

schreiben, um eine philosophische Haltung, bei der die **„Dekonstruktion"** von Theorien, Konstruktionen, Strukturen, Machtverhältnissen und sozialen Ordnungsprinzipien im Mittelpunkt stehen. Diese werden auf die Bedingungen ihrer Geltung hin analysiert und hinterfragt. Methodisch finden vor allem **sprachanalytische**, **diskursanalytische** (für die Geographie siehe bspw. Glasze & Mattissek 2009), **semiotische** und **psychoanalytische Verfahren** eine Anwendung.

Sokal-Affäre

Am Poststrukturalismus lässt sich der weiter vorne von Ian Hacking angeführte „Krieg der Wissenschaften" verdeutlichen. Der **Poststrukturalismus** sah sich Mitte der 1990er-Jahre heftiger **Kritik ausgesetzt**, als der US-amerikanische Physiker **Alan Sokal** einen **Aufsatz** bei *Social Text*, einer US-amerikanischen Zeitschrift für Kulturwissenschaften, einreichte, der **mit zahlreichen zusammengesuchten Zitaten** prominenter französischer und US-amerikanischer Poststrukturalisten gespickt war (Sokal 1996, deutsch in Sokal & Bricmont 1999, S. 262–309). Der Aufsatz wurde **unbeanstandet abgedruckt**, und nach seiner Veröffentlichung publizierte Sokal in einer anderen Zeitschrift das Bekenntnis, dass es sich bei dem Text um eine **Parodie** handelte. Der Aufsatz sei „eine Mischung aus Wahrheiten, Halbwahrheiten, Viertelwahrheiten, Fehlern, Trugschlüssen und syntaktisch richtigen Sätzen, die keinerlei Bedeutung haben" (Sokal 1999, S. 139). Er habe versucht, den Beitrag im typischen Jargon postmoderner Denker zu formulieren, und dabei zahlreiche Zitate ihrer einschlägigen Werke verwendet. Die **unsinnige Aussage des Beitrages** hätte den Herausgebern der Zeitschrift bei der **Einhaltung wissenschaftlicher Standards** auffallen müssen, so Sokals Vorwurf. In einem „Nachwort" zu diesem Aufsatz bezeichnet sich Sokal selbst als

> „unbeeindruckten Altlinken, der nie richtig verstanden hat, wie die Dekonstruktion der Arbeiterklasse helfen soll" und darüber hinaus als „spießigen alten Wissenschaftler, der naiv glaubt, daß eine äußere Welt existiert, daß es eine objektive Wahrheit über sie gibt und daß meine Aufgabe darin besteht, ein paar davon zu entdecken" (Sokal 1999, S. 320).

Dieser Vorfall löste eine **hitzige Debatte** in der Wissenschaft sowie eine öffentliche Diskussion **über die Seriosität postmoderner** (und damit weitgehend poststrukturalistischer) **Arbeiten** aus. An ihr lässt sich der „Krieg der Wissenschaften" und die unvereinbar einander gegenüber stehenden Positionen im Hinblick auf Erkenntnis und Selbstverständnis fast idealtypisch verfolgen.

Trotz der Kontroverse um die Sokal-Affäre hat der Poststrukturalismus spätestens **seit etwa der Jahrtausendwende** seinen Nimbus des Irrationalen und seine nur spärliche Anwendung in den verschiedenen Gesellschafts- und Kulturwissenschaften verloren (vgl. Moebius & Reckwitz 2008). Eine **lebendige und stärker werdende poststrukturalistische Debatte** findet sich interessanterweise dabei vor allem in den USA und in Deutschland, während im Heimatland der Theoretiker, in Frankreich, die Arbeiten eher als eine Art modisches Projekt intellektueller Einzelgänger wahrgenommen werden (vgl. Angermüler 2007, S. 11).

Tab. 2: Einige Aussagen realistischer und anti-realistischer Positionen im Vergleich (eigener Entwurf)

Realistische Positionen (Empirismus, Positivismus)	**Anti-realistische Positionen (v.a. Radikaler Konstruktivismus)**
Tatsachen sind den Beobachtern durch sorgfältige und unvoreingenommene Beobachtung direkt zugänglich.	Es mag eine Wirklichkeit außerhalb unseres Bewusstseins geben, aber der Zugang zu ihr ist uns verschlossen.
Tatsachen gehen der Theorie voraus und sind von ihr unabhängig.	Tatsachen sind abhängig von Beobachtung und theoretischen Annahmen.
Tatsachen konstituieren eine stabile und verlässliche Basis für wissenschaftliche Erkenntnis.	Die Welt entsteht durch Erkenntnis. Die „Wahrheit" wissenschaftlicher Aussagen lässt sich nicht prüfen.
Fakten belegen die Wahrheit wissenschaftlicher Aussagen.	Wissenschaftliche Aussagen sind nicht „wahr", sondern müssen sich durch ihre Viabilität beweisen.

Cultural Turn

Strukturalismus und vor allem der Poststrukturalismus gehören beide zu einer wissenschaftstheoretischen Entwicklung, die man unter dem Begriff des **„cultural turn"** zusammenfassen könnte. Insbesondere seit den 1990er Jahren hat der Kulturalismus die Geistes- und Sozialwissenschaften weitgehend erobert (für einen kritischen Überblick vgl. SCHULTZ 2009). Das **Selbstverständnis** und die Vorgehensweise innerhalb der sozial- und geisteswissenschaftlichen Disziplinen hat sich dadurch grundlegend verändert: Es geht nun darum, sich die Welt über die sinngebenden Phänomene wie Symbole, Bilder, Sprach- und Handlungsmuster zu erschließen, diese Phänomene wie Symbole, Bilder, Sprach- und Handlungsmuster zu erschließen, diese Phänomene zu dekodieren und so die wahrgenommene Weltordnung über Kultur zu erklären. Aus ihrem Selbstverständnis heraus sind Sozial- und Geisteswissenschaften in dieser Hinsicht „**Orientierungswissenschaften**, die ein **emanzipatorisches, die herrschenden Machtverhältnisse attackierendes Anliegen** verfolgen (vgl. ebenda, S. 2). Die unter dem Segel des Cultural Turns verfolgten Forschungsfelder wie **Gender Studies** (die die Geschlechterfrage in Zentrum ihrer Kritik nahmen und das Patriarchat als kulturelles Phänomen analysieren), **Studien über Minderheiten, Marginalisierte und Migranten** sowie **Postcolonial Studies** (die den Eurozentrismus kritisch hinterfragen und die Konsequenzen des Kolonialismus, der zu dem Untergang vieler Kulturen geführt hat, ins Bewusstsein rücken) haben auch die deutschsprachige Humangeographie stark inspiriert und dort zu zahlreichen neuen Forschungsimpulsen geführt.

Realismus, Anti-Realismus und Tatsachen

Kommen wir zum Schluss zurück auf unsere **Ausgangsdefinition**, die besagte, dass **Wissenschaft eine Erkenntnisform** sei, die auf **beobachtbaren Tatsachen** beruhe, dann ergeben sich im Hinblick auf den Begriff „Tatsachen" für realistische und anti-realistische Positionen so **gegensätzliche Aussagen**, dass eine gegenseitige Verständigung nahezu unmöglich erscheint (vgl. Tab. 2). Die dicke Linie zwischen den beiden Positionen in der Tabelle soll diese Schwierigkeit markieren. In der Geographie sind aktuell sowohl realistische als auch anti-realistische Sichtweisen vertreten und wirken dort forschungs- und erkenntnisleitend. Beide Positionen ermöglichen es, zu validen und viablen wissenschaftlichen Aussagen zu gelangen, obwohl sie auf der Basis eines grundlegend anderen Wissenschaftsverständnisses erfolgen. Eine zusammenfassende **Übersicht über die** hier aufgeführten **wissenschaftstheoretischen Positionen** und ihre ontologischen, epistemologischen, methodischen und gesellschaftspolitischen Implikationen bietet **Tabelle 4** (in Kapitel 2.3).

Eigene erkenntnistheoretische Position

Letztlich ist die Frage nach der erkenntnistheoretischen Position eine **Frage des Glaubens**, oder wie es der Konstruktivismus formulieren würde: der Metaphysik. Ein „richtig" oder „falsch" im Hinblick auf ein Erkenntniskonzept kann es hier nicht geben, dennoch **bedarf es einiger Überlegungen**, um zu einer eigenen erkenntnistheoretischen Position zu gelangen, die dem Erkenntnisinteresse angemessen scheint. Daher zum Abschluss dieses Kapitels meine Frage an Sie: Welches ist Ihre erkenntnistheoretische Position? Und: Wie begründen Sie diese Position?

2.2.3 Beobachtung als grundlegende Methode in der Geographie

Beobachtung ist eine der zentralen Methoden in den Wissenschaften, so auch in der Geographie. Wie oben bereits anklang, ist der Zusammenhang von Beobachtung und wissenschaftlicher Erkenntnis nicht ganz banal. Das werden wir jetzt noch vertiefen. **Beobachtung muss man lernen**, das hatten wir bereits gesehen (vgl. Kapitel 2.2.1). Es ist keineswegs so, dass wir schon beobachten, sobald wir die Augen öffnen und uns der Flut visueller Eindrücke stellen. Diese Form der Beobachtung nennt der Wissenschaftsphilosoph Alan Chalmers **passive oder private Beobachtung**; sie hat weder im Alltag noch in der Wissenschaft eine Bedeutung. **Beobachtung ist vielmehr immer aktiv**, ein Akt, der sichtbar wird, sobald wir unsicher über eine Beobachtung sind, denn dann blicken wir genauer hin, versuchen durch Verschiebung unseres Blickfeldes und des Winkels etwas genauer in den Blick zu bekommen. Beobachtung ist also nicht voraussetzungslos.

Kübeltheorie der Erkenntnis

Karl Popper hat die Unterscheidung zwischen passiver und aktiver Beobachtung pointiert mit den Begriffen „Kübel" und „Scheinwerfer" bezeichnet und daraus wesentliche Schlüsse für die Erkenntnismöglichkeiten der Welt gezogen (vgl. Popper 1984, S. 354ff.). Die Kübeltheorie versteht den **Geist des Menschen** sinnbildlich **als eine Art Kübel**, der allmählich mit dem „Wasser der Erkenntnis" gefüllt wird. Beobachtung in diesem Sinne ist weitgehend **passiv**, allerdings dabei **selektiv** und vielleicht manchmal **systematisch**.

Scheinwerfertheorie der Erkenntnis

Die Scheinwerfertheorie, die Popper dem traditionellen Verständnis von Wissensanhäufung und Erkenntnis gegenüberstellt, betont die **aktive Beteiligung** des Beobachters. Grundlage jeder Beobachtung sind Hypothesen, die durch Wahrnehmung bestätigt oder verworfen werden. In dieser Perspektive findet Erkenntnis dadurch statt, dass **einzelne Aspekte einer Hypothese** mithilfe von Beobachtung **beleuchtet** werden, ähnlich wie ein Scheinwerfer in der Dunkelheit **kein „Gesamtbild"** ergibt, sondern jeweils die einzelnen Objekte, die er beleuchtet, aufzeigt. Eine „reine Wahrnehmung" bar jeglicher Begriffe und Vorstellung ist nach der Scheinwerfertheorie nicht möglich: „alle Erkenntnis ist theoriegetränkt, auch unsere Beobachtungen" (POPPER 1984, S. 72). Wir wählen das, was wir beobachten, aus, und diese Auswahl erfolgt nach der Maßgabe theoretischer Vorstellungen (Hypothesen) über das zu Beobachtende. POPPER betont,

> „daß jede Beobachtung eine Interpretation im Lichte unseres theoretischen Wissens in sich schließt, oder anders ausgedrückt, daß ein rein auf Beobachtung gegründetes Wissen – ein Wissen, das keinerlei Theorie enthält – völlig unfruchtbar und uninteressant wäre, falls es so etwas überhaupt geben kann" (POPPER 1994b, S. 33).

Aus rein methodologischen Überlegungen erfolgt daraus die weitreichende Konsequenz, dass die **Hypothesen** einer Untersuchung **die Daten**, die in einer empirischen Studie erhoben werden, bereits in hohem Maß **vorstrukturieren** (die Ergebnisse also keineswegs „reine Daten" sind).

Beobachtungstheorie

Einen ganz ähnlichen Ansatz verfolgt die Beobachtungstheorie, die auf den Kybernetiker und Physiker **HEINZ VON FOERSTER** zurückgeht und die zwischen **verschiedenen Ebenen der Beobachtung** unterscheidet (Beobachtung erster Ordnung und Beobachtung zweiter Ordnung). Unter Beobachtung wird hier die Einheit der Operation von **Unterscheiden und gleichzeitigem Bezeichnen des Unterschiedenen** verstanden. Beobachtung ist demnach ein **aktiver Akt**, der etwas (das Beobachtete) aus allem anderen (dem Rest der Möglichkeiten) herauslöst und bezeichnet, z.B. „hier und nicht dort", „jetzt und nicht später oder früher", „meine Freundin und niemand sonst", „fünfzehn und keine andere Zahl". Das Unterscheiden verweist auf **mehr Möglichkeiten** als nur die, die bezeichnet wird, und ist in dieser Hinsicht in etwa mit dem Begriff der Hypothese von KARL POPPER gleichzusetzen, den dieser an den Anfang jeder Beobachtung in seiner Scheinwerfertheorie setzte.

Beobachtung erster Ordnung

Auf der eben genannten Ebene der Beobachtung – der so genannten Beobachtung erster Ordnung – unterscheidet eine beobachtende Person etwas auf der **„Was"-Ebene** (vgl. Abb. 6). Das bezeichnete Ding („hier", „jetzt", „meine Freundin", „fünfzehn") dient **als Ausgangspunkt** für die weiteren Beobachtungen.

Beobachtung zweiter Ordnung

Die Einheit von Unterscheiden und Bezeichnen kann nur durch eine weitere Beobachtung sichtbar gemacht werden, denn die Beobachtung ist in ihrem Vollzug für sich selbst blind. Wenn also **jemand etwas beobachtet** (Beobachtung erster Ordnung) **und dabei** sich selbst oder von jemanden anderem **beobachtet wird, *wie* er beobachtet**, handelt es sich um eine Beobachtung zweiter Ordnung. Auf der Ebene der Beobachtung erster Ordnung kann also die **beobachtende Person** die zugrunde liegende Unterscheidung (nach POPPER die Hypothese) nicht selbst beobachten, sie ist sozusagen der **blinde Fleck der Beobachtung** (zum blinden Fleck siehe Kap. 2.2.1). Erst in einer Beobachtung zweiter Ordnung ist es daher möglich, die auf der **„Was"-Ebene** operierende Beobachtung erster Ordnung auf ihre gewählte Unterscheidung hin zu beobachten. Durch die Beobachtung zweiter Ordnung kann also beobachtet werden, ***wie* auf der Ebene erster Ordnung unterschieden und bezeichnet wurde** (mit POPPER: welche Hypothese der Beobachtung zugrunde lag).

Alles, was beobachtet wird, ist demnach abhängig von der Unterschei-

Beobachter-abhängigkeit

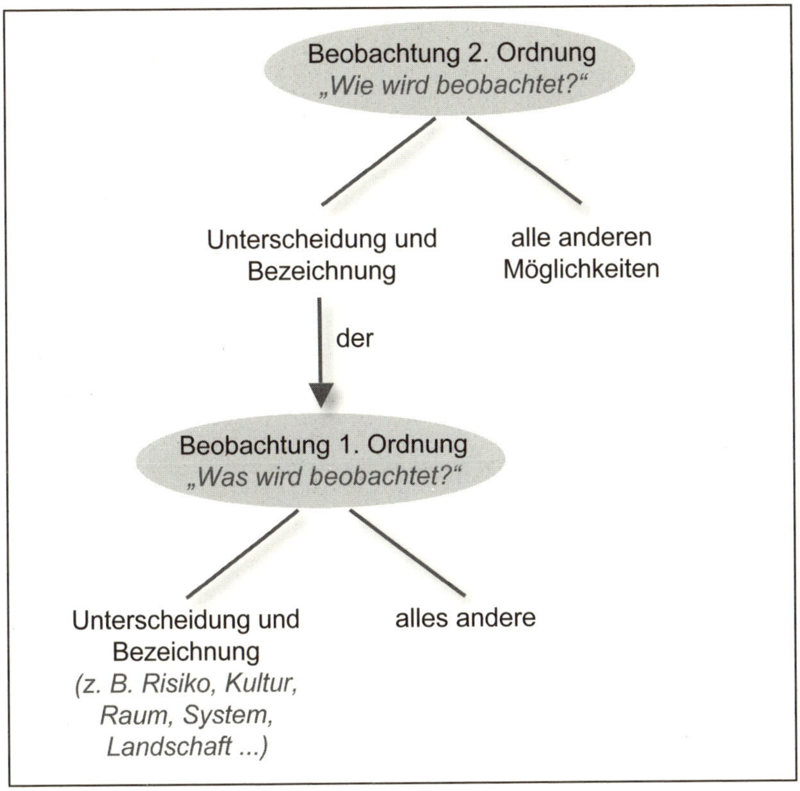

Abb. 6: Beobachtungstheorie: Beobachtung erster Ordnung und Beobachtung zweiter Ordnung. Die Begriffe in der Klammer links unten sind Beispiele für mögliche Unterscheidungen und Bezeichnungen (verändert nach Egner 2008, S. 63)

dung, die eine beobachtende Person ihrer Beobachtung zugrunde legt. In der Folge dieser Überlegungen muss man den **Anspruch auf eine wahre oder richtige Beobachtung aufgeben**. Denn wer könnte mit Fug und Recht (also beweisbar) von sich behaupten, dass seine Unterscheidung, die er einer Beobachtung zugrunde legt, die richtige ist? **Beobachtungen sind** also im Hinblick darauf, was sie beobachten, **kontingent**. Darüber hinaus ist bei der Beobachtung der Beobachtung, wie es die Beobachtungstheorie nahe legt, zwangsläufig auch die beobachtende Person in einer Art **rekursiv-geschlossenem System** in die Betrachtung mit eingeschlossen. Indem der **Beobachter zweiter Ordnung** an die Beobachtungen erster Ordnung anschließen muss, ist er **gleichzeitig Teil dieser Beobachtung**. Gleiches gilt für die beobachtende Person auf der operativen Ebene der Beobachtung erster Ordnung: Wer immer beobachtet, nimmt daran teil – oder er beobachtet nicht (vgl. Luhmann 1992b, S. 86).

Keine hierarchische Ordnung der Beobachtungen

Ein zentraler Aspekt der Beobachtungstheorie ist, dass auch **jede Beobachtung zweiter Ordnung zugleich eine Beobachtung erster Ordnung** ist und so ihre blinden Flecken produziert. In dieser Hinsicht ist die Beobachtung der Beobachtung auf der Ebene zweiter Ordnung *keine* hierarchisch höhere Position, bei der man „mehr" sehen könnte, als auf der Ebene der Beobachtung erster Ordnung. Vielmehr nimmt die Beobachtung zweiter Ordnung etwas **Spezifisches in den Blick**, nämlich die **Unterscheidung der Beobachtung erster Ordnung**. Dieses Verfahren führt also keineswegs zu einem „privilegierten Mehr" an Erkenntnis, man bekommt dadurch jedoch anderes in den Blick, was für die eigene Forschungsarbeit von zentraler Bedeutung sein kann.

Beobachtungstheorie in der Geographie

Die Geographie versteht sich selbst im Wesentlichen als **angewandte Wissenschaft**, in diesem Sinne betreibt sie Beobachtungen vor allem **auf der Ebene der Beobachtung erster Ordnung**. Ob durch Kartierungen, Definitionen, Verortung bestimmter Phänomene oder bei der Interpretation erhobener Daten – in allen Fällen stellen Geographinnen und Geographen nach der Beobachtungstheorie von von Foerster fest, was „ist", und bewegen sich damit auf der Ding-Ebene der Beobachtung erster Ordnung. Jede Beobachtung erster Ordnung verfährt auf dieser operativen Ebene **naiv** und im Hinblick auf den **eigenen Referenzrahmen** und die **Ausgangsüberlegungen unkritisch**: Sie kann nur sehen, was mit der gewählten Unterscheidung zu sehen ist, und nicht mehr. **Aus wissenschaftlicher Sicht zweifelhaft** wird es, wenn hier die Arbeit aufhört, also die **Ebene der Reflexion** über die zugrunde liegenden Unterscheidungen **entfällt**. Um die angewendeten Unterscheidungen beobachten zu können (ob nun selbstreflexiv oder durch eine andere beobachtende Person), bedarf es dem zeitlich versetzten Schritt der Beobachtung zweiter Ordnung, in dem die Unterscheidungen und Annahmen, die der gesamten Arbeit sowie einzelnen Interpretationsschritten durch die bearbeitende Person zugrunde gelegt wurden, ins Auge gefasst werden. Dieser **Schritt der Selbstreflexion** ist seit Langem **notwendiger Bestandteil** der so genannten „guten wissenschaftlichen Praxis"; die Beobachtungstheorie hält hierfür das **Handwerkszeug** bereit.

Darüber hinaus erweist sich die Beobachtung der Beobachtung als sehr **fruchtbar für die Bearbeitung geographischer Fragestellungen**. Die Beobachtung der geographischen Risikoforschung etwa kann dann über das reine Feststellen eines Risikos auf der „Was"-Ebene der Beobachtung erster Ordnung (z.B. Hangrutschung oder Pandemie-Gebiet) hinaus fragen, wer warum unter welchen Bedingungen und mit welchen Konsequenzen etwas als Risiko bezeichnet. Eine derartige Beobachtung kann dann beispielsweise aufzeigen, dass die Risikoforschung selbst – statt Sicherheit als Ergebnis zu erzeugen – an der Produktion von Risiken für moderne Gesellschaften beteiligt ist (vgl. Egner & Pott 2010). Andere aktuelle Beispiele für die Anwendung der Beobachtungstheorie finden sich in der Kulturgeographie (vgl. Pott 2005) oder in der Forschung über die Beziehungen zwischen Gesellschaft, Mensch und Umwelt (vgl. Egner 2006 und 2008).

2.2.4 Kausalität: Ursache-Wirkungs-Zusammenhänge

Begriffsklärung

Jede Erkenntnis ist mit einer **kausalen Zuschreibung** verbunden, die **etwas als Ursache** und **etwas anderes als Wirkung** benennt. Sobald etwas unser Interesse erweckt, suchen wir nach einer Erklärung dafür – offensichtlich können wir gar nicht anders. Dabei vollzieht sich unser Denken, ob im Alltag oder in der Wissenschaft, immer kausal (von lat. *causa* = Ursache). Fragen der Kausalität umfassen alle Überlegungen zu dem Zusammenhang von Ursache und Wirkung **aufeinander bezogener Ereignisse oder Zustände**. Ob wir über die Beziehungen des Menschen zu seiner Umwelt (oder umgekehrt) nachdenken, über das Verhältnis von Individuen und Raum, über die räumlichen Beziehungen verschiedener Elemente einer Landschaft oder über die persönlichen Beziehungen von uns selbst oder anderen – bei jedem Versuch, etwas zu verstehen, suchen wir nach Erklärungen, die beide Aspekte (Ursache und Wirkung) umfassen. Dabei spielt oftmals unsere **erkenntnistheoretische Position**, die wir vertreten (siehe Kap. 2.2.2), unser **Weltbild insgesamt** oder einfach **nur die Situation** eine große Rolle dafür, **in welcher Richtung wir die Kausalität suchen**. Nehmen wir z.B. die Frage der Beziehungen des Menschen zu seiner Umwelt – sehen wir diese als einen geodeterministischen (bei der die Umwelt das Verhalten des Menschen maßgeblich beeinflusst) oder als einen handlungsdeterministischen Zusammenhang (bei der der Mensch seine Umwelt nach seinen Belangen wahrnimmt und formt, siehe Kap. 3.2.1)? Oder ein anderes Beispiel: Wer oder was ist verantwortlich für persönliche Erfolge? Wie Studien zeigen, halten wir uns im Erfolgsfall in der Regel für selbst verantwortlich, im Fall des Misserfolgs sind dagegen bevorzugt die anderen oder die Umstände die Ursache für das Scheitern (vgl. z.B. Nisbett & Valins 1971). Dabei ist uns aus alltäglichen und wissenschaftlichen Situationen nur allzu bekannt, dass wir uns **bei unseren Schlussfolgerungen recht häufig irren**, Ursache und Wirkung vertauschen oder Phänomen eine Kausalität zuschreiben, die auf den zweiten Blick gar nicht aufrechtzuerhalten ist. So fragt der Biologe Rupert Riedl zu Recht:

> „Was berechtigt zu der Annahme, daß die Mondbahn die Ursache der Gezeiten, der Kunde die Ursache des Marktes und der Experimentator die Ursache des Verhaltens seiner Versuchs-Ratte wäre? Denn es stellte sich heraus, daß die irdischen Gezeiten die Mondbahn bremsen, der Markt durch die Industrie die Käufer manipuliert, und nicht minder das Verhaltens-Repertoire der Ratte die Vorgehensweise des Versuchsleiters bestimmt" (Riedl 1981, S. 69).

Kausalitätsprinzip

Ungeachtet dieser Irrtümer oder Vorurteile lautet das Kausalitätsprinzip auf den Punkt gebracht: *„Ex nihilo nihil fit,* aus nichts wird nichts, alles hat seinen Grund, hat seine Ursache" (Sachsse 1979, S. 1, Hervorhebung H.E.). Wie wir später noch sehen werden, ist dieses Prinzip jedoch **weder verifizierbar noch falsifizierbar**, sondern eine **metaphysische Behauptung**, die nichtsdestotrotz Grundlage vieler Weltbilder ist.

Der Begriff der Kausalität ist sehr vielschichtig und nach wie vor ein **umstrittener Diskussionspunkt** in der Erkenntnistheorie und Wissenschaftstheorie (vgl. z.B. Bailer-Jones et al. 2007). **Zentrale Fragen** der Kausalitätsforschung lauten: Wie erklären wir uns einzelne Phänomene? Was zeichnet eine gute Erklärung aus? Tragen unterschiedliche Erklärungen gleichermaßen gut dazu bei, dass wir ein Phänomen verstehen? Die letztgültige **Beantwortung** dieser Fragen **steht nach wie vor aus**.

Bereits Aristoteles beschäftigte sich mit Fragen der Kausalität. Am Bei-

Arten von Kausalitäten

spiel des Hausbaus unterschied er vier unterschiedliche Arten von „Ursachen" oder Wirkkräften (vgl. RIEDL 1981, S. 80):

- Zunächst bedarf es der *causa efficiens*, der **Antriebe oder Kräfte**, beispielsweise Arbeitskraft oder Kapital.
- Dann braucht es die *causa materialis*, das **Baumaterial**; denn aus Kräften allein ist noch kein Haus entstanden.
- Zudem bedarf es der *causa formalis*, des **Bauplans**, der gezielt die Materialien ordnen lässt; denn noch nie ist auch durch noch so oft wiederholtes Abkippen von Baustoffen ein Haus entstanden.
- Und nicht zuletzt braucht es die Wirkung der *causa finalis*, eines **Zwecks**: Irgendjemand muss die Absicht haben, ein Haus zu bauen.

In der **aktuellen Kausalitätsforschung** sind derzeit nur noch Wirkursache und Finalursache von Interesse (vgl. RATHMANN 2008, S. 59f.). Dem folgt auch die wissenschaftliche Praxis, denn bei der Analyse von **Wirkursachen** (*causa efficiens*) wird **das Gegenwärtige** (bspw. Befunde der Klimaforschung) **aus Vergangenem** (in diesem Fall: anthropogenem Verhalten) erklärt. Bei der **Finalursache** (*causa finalis*) dagegen wird auf **das Gegenwärtige** (bspw. die Einführung von Grenzwerten für Emission) **aus dem Zukünftigen** (in diesem Fall: erwartete Befunde der Klimaforschung über den Anstieg relevanter Treibhausgase) geschlossen.

Ursache aller Ursachen

Die ***causa finalis*** galt darüber hinaus lange Jahrhunderte als die Ursache aller Ursachen (vgl. RIEDL 1981, S. 81). Denn einerseits erleben wir tagtäglich, dass wir **erst etwas beabsichtigen** müssen, **damit etwas in die Tat umgesetzt wird**. So braucht es – um im obigen Beispiel zu bleiben – erst den Plan, ein Haus zu bauen, bevor man sich um die Materialien, das Geld, ein Grundstück usw. kümmern kann. Andererseits erscheint uns die Welt, der Kosmos, als sinnvoll geordnet. Die Zusammenhänge in der Natur erfüllen scheinbar bestimmte Zwecke, laufen auf einen Plan hin, sonst würde nicht alles so wunderbar zusammenpassen. So fand die Finalität die Theologie als ihre stärkste Befürworterin, denn offenbarte sich nicht zu allen Zeiten die Harmonie des göttlichen Schöpfungsplans in dem Zusammenspiel aller Dinge?

Teleologie

Seit den Entdeckungen und Entwicklungen in der Zeit der Aufklärung im 17. und 18. Jahrhundert trat die theologische Begründung der Finalität der Welt in den Hintergrund, aber der Gedanke einer **Ziel- und Zweckgerichtetheit aller Dinge** (Teleologie), ja, des Lebens selbst, ist nach wie vor **eine der Grundüberzeugungen**, die (vor allem implizit) bei vielen wissenschaftlichen Argumentationen mitschwingt. Dass die Vorstellung einer Teleologie des Lebens bis heute allerorten, auch in der Geographie, ihre Wirkkraft zeigt, wird beispielsweise am **Festhalten an der Vorstellung von Gleichgewichten in natürlichen Systemen** deutlich. Wer trotz zahlreicher gegenteiliger Befunde in den Naturwissenschaften, trotz Chaostheorie und Komplexitätsforschung an der These festhält, „Systeme streben zum Erhalt eines ihnen innewohnenden Gleichgewichts", unterstellt diesen Systemen eine Finalität und vertritt damit eine teleologische Position.

Kriterien für Kausalität

Für die Begründung der wissenschaftlichen Schlussfolgerung, dass zwei Phänomene kausal miteinander verknüpft sind, lassen sich verschiedene Kriterien heranziehen (vgl. RATHMANN 2008, S. 59):

- Die Verknüpfung von Ursache und Wirkung ist **grundsätzlich wiederholbar** und **universell gültig**.
- Ursachen veranlassen Wirkungen. Es muss also ein **Prozess** stattgefunden haben, durch den die **Wirkung** von der Ursache **eine Veränderung erfährt**.
- Der Zusammenhang ist asymmetrisch, denn **die Ursache tritt zeitlich früher als die Wirkung auf**. Eine rein zeitliche Aufeinanderfolge zweier Ereignisse alleine legt Ursache und Wirkung jedoch noch nicht fest; z. B. ist der Tag nicht die Ursache der Nacht und umgekehrt, obwohl diese ständig aufeinander folgen.

Unmöglichkeit der rationalen Begründung von Kausalität

Es war der schottische Philosoph **David Hume** (1711–1776), der uns zuvor bereits als Empirist (siehe Kap. 2.2.2) begegnet ist, der berechtigterweise darauf hingewiesen hat, dass jenes **„weil"** in den Sätzen (das so genannte *propter hoc*), mit denen wir eine vermutete Ursache einem Phänomen zuschreiben, selbst **nicht zu begründen** ist. Vielmehr lässt sich nur ein **„wenn-dann"** (*post hoc*) **feststellen und begründen**. So ist der Satz „weil die Sonne scheint, wird der Stein warm" nicht zu begründen; der Satz „immer wenn die Sonne scheint, dann wird der Stein warm" hingegen schon. In dieser Hinsicht scheint die scharfe Kritik des britischen Philosophen und Mathematikers Bertrand Russell (1872–1970) berechtigt, als er 1912/13 schreibt:

> „Mir scheint, … daß der Grund, warum die Physik aufgehört hat, nach Ursachen zu suchen, darin liegt, daß es nichts derartiges gibt. Ich glaube, daß das Kausalitätsgesetz wie so vieles andere, was von der Philosophie anerkannt wird, eine Reliquie aus vergangenen Zeiten darstellt, die sich, so wie eine Monarchie, nur deshalb am Leben erhielt, weil man ganz zu unrecht annahm, daß sie keinen Schaden stifte" (Russell 1952, S. 181).

Und an anderer Stelle heißt es weiter:

> „Das Prinzip ‚gleiche Ursache, gleiche Wirkung', von dem sich der Philosoph vorstellt, daß es für die Naturwissenschaften von vitaler Bedeutung sei, ist daher äußert überflüssig. Bis die Antezedentien in hinreichender Vollständigkeit gegeben sind, um mit einiger Exaktheit die Folgen berechnen zu können, sind sie so kompliziert geworden, daß es höchst unwahrscheinlich ist, daß sie sich je wiederholen werden. Wenn daher dieses Prinzip eine Notwendigkeit für die Naturwissenschaften bedeutete, müßte diese äußerst unfruchtbar bleiben" (ebd., S. 189).

In der Summe heißt das: Je genauer ein Phänomen betrachtet wird, umso klarer wird es, dass es einem ganzen Bündel von Bedingungen (Kausalitäten) ausgesetzt ist, die es zu dem werden lassen, als das es uns erscheint. Die **Herausarbeitung dieser Kausalitäten setzt eine Wiederholbarkeit** voraus, z. B. in einem Experiment. Da die meisten Phänomene jedoch nicht nur auf eine Ursache zurückzuführen sind, sondern so genannte **Multikausalitäten** aufweisen (also viele Faktoren zu ihrem Erscheinen führen), sind **Experimente nur sehr bedingt eine Lösung**, um diese Kausalitäten zu ermitteln. Denn Experimente zeichnen sich ja gerade dadurch aus, dass sie das

Chaotische der Natur eliminieren, selektiv bestimmte Aspekte eines Ereignisses herausgreifen und Eindeutigkeiten dadurch erzeugen, dass sie ein und dasselbe wiederholbar machen. Dies bedingt in der Regel so **starke Einschränkungen**, dass Experimente eine Aussage über das Phänomen „in der Natur" nicht mehr zulassen. Dazu kommt, dass ein bestätigter statistischer Zusammenhang zwischen zwei Ereignissen durch die **Einführung einer dritten Variablen** auch in das Gegenteil verkehrt werden kann (so genanntes Simpson-Paradoxon von 1951, vgl. Rathmann 2008, S. 59). Bei jeder kausalen Schlussfolgerung müssen also zahlreiche Fragen geklärt werden:

- **Welche** – und vielleicht noch wichtiger: **wie viele** – **Parameter** sind zu berücksichtigen?
- Auf **welche Entitäten** beziehen sich die Aussagen über Ursachen und Wirkungen – auf Dinge, Sachverhalte oder Zustände?
- **Wie vollzieht sich der Übergang** von Ursache zu Wirkung (das so genannte Mikro-Problem in der Kausalität)?
- Wie ist das Problem der kausalen Überdeterminiertheit zu lösen? **Welche der potenziellen Ursachen** in dem Bündel von Kausalitäten hat nun exakt die spezifische Wirkung hervorgerufen?

Kausalität als „Warum"-Frage oder als „Wie"-Frage?

Trotz all dieser Kritik und Einschränkungen ist die Frage nach der Kausalität noch lange nicht vom Tisch. Gerade in den letzten zwanzig, dreißig Jahren hat die Forschung über die Möglichkeiten wissenschaftlicher Erklärungen und Kausalitäten wieder stark zugenommen. Der Wissenschaftsphilosoph **Wesley C. Salmon** identifiziert in seinem Überblick über die Forschung zu wissenschaftlichen Erklärungen im 20. Jahrhundert **zwei große Traditionen**, die sich in ihrer Argumentation wesentlich unterscheiden. Obwohl beide Traditionen darin **übereinstimmen**, dass eine gute Erklärung **Angaben über die Ursachen eines Phänomens** liefern muss, **unterscheiden** sie sich in der **Art und Weise** der Erklärung sowie schließlich in der **Begründung, was** eine Erklärung zu einer **kausalen Erklärung** macht (vgl. Salmon 1998):

a) In der einen Tradition (auf der Basis der Arbeiten von **Hempel** und **Oppenheim**, die später als **deduktiv-nomologische Analyse** gekennzeichnet wurde) bestehen Erklärungen vor allem darin, das zu erklärende Phänomen mit mindestens einem allgemeinen Gesetz in Zusammenhang zu bringen, indem es eine „Warum"-Frage beantwortet. Bei der Frage beispielsweise, warum an sonnigen Tagen der Wind am Meer am Abend und am Morgen seine Richtung wechselt, könnte man dann die beiden verschiedenen Gesetzmäßigkeiten angeben, dass (1) Wind immer vom Hochdruckgebiet zum Tiefdruckgebiet weht und dass (2) Land und Wasserkörper bei Sonneneinstrahlung sich unterschiedlich schnell erwärmen und auch unterschiedlich schnell wieder abkühlen und sich somit die Hoch- und Tiefdruckzonen verlagern. Ein Phänomen ist also genau dann kausal erklärt, wenn **der Zusammenhang zwischen dem Phänomen und seiner Ursache** (implizit oder explizit) auf einen **regelmäßigen oder sogar gesetzmäßigen Zusammenhang** verweist (der Fachbegriff für dieses Verfahren lautet *Unification,* dt. Vereinheitlichung). Man könnte diese Vorgehensweise auch als eine Art „weiche" Kausalität bezeichnen, da die Prozesse des Zusammenhangs nicht wirklich beleuchtet werden, sondern vor allem die **Korrespondenz** eines Phänomens zu einer allgemeinem Regel oder einem Naturgesetzt interessiert.

b) In der zweiten Tradition (auf der Basis von SCRIVEN, HANSON u.a.) liegt der Schwerpunkt der Erklärung darin, anzugeben, *wie* ein Phänomen zustande kommt. Eine wissenschaftliche Erklärung für ein Phänomen anzustreben heißt also, direkt nach einer Ursache zu suchen, nach seinem Mechanismus. In unserem Beispiel könnte man dann also für den Wechsel der Windrichtung morgens vom Landwind zum Seewind angeben, dass sich eine Landmasse bei Sonneinstrahlung im Vergleich zu einem Wasserkörper schneller erwärmt. Die Erwärmung führt zu Konvektionsströmen der Luft nach oben und, damit verbunden, zu einer Konvergenz (horizontaler Massenzufluss von Luftteilchen bei relativ geringem Luftdruck) am Boden, die von den Luftteilchen über dem relativ kühleren Wasser gespeist wird. Der Wind ist also eine Ausgleichsbewegung zwischen den Bereichen unterschiedlichen relativen Luftdrucks. In dieser Tradition ist ein Phänomen dann kausal erklärt, wenn der **Mechanismus** angegeben wird, über den das **zu erklärende Phänomen und seine Ursache verbunden** sind.

Obwohl **beide Traditionen** im Laufe ihrer Entwicklung als einander gegenüberstehend und kontrovers diskutiert wurden, sind sie wohl eher als **einander ergänzend** zu verstehen (vgl. SALMON 1998, S. 74). Welche Erklärung im Einzelfall besser geeignet ist, um etwas zu verstehen, mag daher **von der Situation abhängen** und davon, **an wen sich die Erklärung richtet**. Klar ist nur, dass die Fragen nach dem Warum sich grundlegend von den Fragen nach dem Wie unterscheiden. Das mag ein einfaches Beispiel zeigen (vgl. ebd., S. 79f.). Auf die Frage „*Wie* kamen die ersten Säugetiere nach Neuseeland?" ist folgende Antwort recht wahrscheinlich: „Da es Menschen waren, sind sie höchstwahrscheinlich mit dem Boot gekommen." Die Frage „*Warum* sind die ersten Säugetiere nach Neuseeland gekommen?" führt dagegen zu einem ganz anderen Feld von Antwortmöglichkeiten, das vermutlich etwas mit menschlichen Motiven und Zielen zu tun haben wird, aber an dieser Stelle offen bleiben muss. Letztlich repräsentieren die Frage nach dem Warum und die Frage nach dem Wie auch die beiden in Kapitel 2.1 genannten Ziele von Wissenschaft: Verstehen und Nützlichkeit. Für die **Ebene der Nützlichkeit** ist es wesentlich, den **Mechanismus eines Phänomens** zu verstehen, während das Warum nicht notwendigerweise beantwortet sein muss. Beide Vorgehensweisen sind gleichermaßen angemessen und geeignet, Phänomene zu erklären.

Problem der Multikausalitäten und Nichtlinearitäten

Die Unterscheidung zwischen **Mechanismen** („Wie"-Kausalitäten) und **Vereinheitlichung** („Warum"-Kausalitäten) löst noch nicht das grundlegende Problem, das RUSSELL mit seiner Kritik angesprochen hat: die Vielzahl der Bedingungen, unter denen sich Phänomene realisieren, die sich mit unserer wissenschaftlichen Suche nach Wiederholbarkeit und Regelmäßigkeit nicht in den Griff bekommen lassen. Erschwerend hinzu kommt, dass **wir linear denken** (A führt zu B und B zu C oder auch A und B führen zu C), viele Phänomene jedoch gerade durch ihre Nichtlinearität gekennzeichnet sind. Nichtlinearität meint, dass **Ursache und Wirkung in keinem proportionalen Verhältnis zueinander** stehen. Und das bedeutet, dass von einer oder auch mehreren Ursachen schlichtweg nicht auf eine Wirkung geschlossen werden kann. Beispiele hierfür sind Verkehrsstaus, das Marktverhalten an den Finanzbörsen oder die Entwicklung von „Urbanität". Diese Erkenntnis hat seit den 1980er-Jahren zu der Entwicklung eines völlig neuen Wissenschaftszweiges, der **Komplexitätsforschung**, geführt.

Kausalität in der Geographie

Die Geographie kämpft mit den gleichen Problemen. Spätestens seit Humboldts plakativem Aphorismus „Alles ist Wechselwirkung" (Humboldt 1990, S. 258) orientieren wir uns an dem oben genannten Kausalitätsprinzip des *ex nihilo nihil fit* (dt. = aus nichts wird nichts) und hängen somit einem **rational nicht begründbaren Weltbild** an, das **allen Dingen eine Ursache zuschreibt**. Vermischt mit **metaphysischen Vorstellungen über ein gesamtökologisches System**, das im Sinne von Gaia über selbstregulierende Kräfte verfügt, können sich viele Geographinnen und Geographen kaum einem moralisch-ehtischen Gefühl der Verpflichtung „der Welt" gegenüber entziehen, das auf der grundlegenden Annahme einer Teleologie der Dinge basiert. Daran ist – aus einer lebensweltlichen Perspektive – prinzipiell auch nichts auszusetzen. Aus einer **wissenschaftlichen Perspektive** erwachsen daraus jedoch **gewisse Probleme** (siehe hierzu auch Kap. 3.1.4).

Kausalität und Wechselwirkung

Darüber hinaus erhielt der Aphorismus von Alexander von Humboldt über die Wechselwirkungen, die allem zu eigen sein sollen, in der zweiten Hälfte des 20. Jahrhunderts eine theoretische Fundierung durch das Aufkommen der **Systemtheorien**, die ebenfalls von Wechselwirkungen zwischen Elementen, Phänomenen und Zuständen als einer zentralen Überlegung ausgehen. Aber gerade die Systemtheorien sind **mit dem Kausalitätsgedanken kaum vereinbar**, darauf hat der Geograph Joachim Rathman (2008) ausdrücklich hingewiesen. In den Systemtheorien treten an die Stelle von einzelnen Kausalbeziehungen **kausale Netzwerke und Wechselwirkungen**. Das wiederum bedeutet ein **Selbstwiderspruch**, weil Ereignisverknüpfungen, die Wechselwirkungsbeziehungen ausdrücken, nicht kausal sein können, denn sie verletzen das zuvor genannte **Prinzip der Asymmetrie**. Nimmt man das Kausalitätsprinzip ernst, dann stellen die Systemtheorien mit dem Gedanken der Wechselwirkung die Frage nach den theoretischen und praktischen Möglichkeiten einer „Rückwärtsverursachung" (d.h. die Ursache liegt zeitlich *nach* der Wirkung), denn Wechselwirkung heißt auch, dass die Wirkung auf die Ursache wirken kann, und dieser Gedanke ist kausal nicht zu erklären. Die **Frage nach der Kausalität von Wechselwirkungen** ist also eine Frage, die bislang, neben den vielen erwähnten Schwierigkeiten mit der Kausalität, noch völlig offen ist.

2.2.5 Über die „Wahrheit" wissenschaftlicher Erkenntnis

„Wahrheit" als wissenschaftliches Ziel

Die Frage nach der „Wahrheit" wissenschaftlicher Aussagen hat uns bereits durch das gesamte Kapitel 2 begleitet, da letztlich die Bedingungen und die Möglichkeiten des Erkennens der Welt von den **Wahrheitskonzepten** abhängen, die man zugrunde legt. Darüber hinaus ist die Wahrheit ausdrücklich **in den Zielen wissenschaftlicher Forschung festgeschrieben**, wie wir der Aussage vom Anfang des Kapitels 2 entnehmen können. Hier noch einmal zur Erinnerung: „Das oberste Erkenntnisziel der Wissenschaft besteht in der Findung von möglichst *wahren* und *gehaltvollen* Aussagen, Gesetzen oder Theorien, über einen bestimmten Gegenstandsbereich." Es kommt nicht von ungefähr, dass die Frage nach der Wahrheit eines der zentralen Probleme in der Philosophie darstellt – und das bereits seit deren Anfängen. Denn welche Auffassung wir von Wahrheit zugrunde legen, hat entscheidenden Einfluss darauf, **wie plausibel oder unplausibel** uns **eine Aussage** und die Befunde einer wissenschaftlichen Arbeit vorkommen.

Vieldeutiger Wahrheitsbegriff

Wahrheit ist nicht gleich Wahrheit – dies wurde in den vorangegangen Ausführungen vermutlich bereits deutlich. Über den Wahrheitsbegriff gibt es viele und ganz **unterschiedliche Schulen**, deren Durchsicht zeigt, dass der Begriff der Wahrheit kein eindeutiger, exakt und präzise festgelegter, sondern ein durchaus vieldeutiger und **in Abhängigkeit der jeweiligen Erkenntnistheorie** wechselnder ist. Erkenntnis tritt jedoch immer mit dem Anspruch auf Wahrheit auf, welchen Begriff oder welche Theorie über die Wahrheit man auch immer heranzieht.

Anforderungen an Wahrheitstheorien

Eine Theorie über Wahrheit muss Antworten auf mindestens die folgenden Fragen geben können (vgl. Kreiser 1990, S. 746):

- Was ist Wahrheit (im Sinne einer **Definition**)?
- Wie ist Wahrheit feststellbar (**Kriterien** für Wahrheit)?
- Welche Voraussetzungen sind mit der Definition von und dem Kriterium der Wahrheit verbunden (**Bedingungen** für Wahrheit)?
- In welchem Verhältnis steht die gegebene Wahrheitsdefinition zu anderen (**Begründung** von Wahrheit)?
- Welcher Zusammenhang besteht zwischen Wahrheit und Erkennen (**Kontinuität** von Wahrheit)?
- Welche theoretische und praktische Relevanz besitzt Wahrheit (**Rechtfertigung** von Wahrheit)?

Die verschiedenen Auffassungen lassen sich – ganz entsprechend einer realistischen und anti-realistischen erkenntnistheoretischen Positionierung – in **zwei Lager** teilen: (1) die Wahrheit ist eine **gleichförmige und universelle** oder (2) eine **variable und kontextrelative Eigenschaft** oder Relation (vgl. Burri 2008, S. 12). Diese Unterscheidung gibt – wie bereits weiter oben – den folgenden Ausführungen die Struktur vor, wir bewegen uns also von den realistischen zu den anti-realistischen Positionen.

Absoluter, emphatischer, objektiv-ontischer Wahrheitsbegriff

Geht man alltagsweltlich an den Begriff der Wahrheit heran, so scheint es auf den ersten Blick einfach, etwas Falsches von etwas Wahrem zu unterscheiden. Etwas, das nicht wahr ist, ist falsch, entweder eine Lüge oder ein Irrtum. Dieser Annahme zufolge gibt es eine **Wirklichkeit, die subjektunabhängig existiert**, und anhand dieser Wirklichkeit lässt sich **die Wahrheit einer Aussage** absolut und in einem universellen Sinne in Form von Abbildern oder Widerspiegelungen **feststellen**. Die Bezeichnung dieses Begriffs der Wahrheit als absolut oder objektiv-ontisch verweist auf die wesentliche Annahme, dass die Wahrheit von dem Objekt, dem Seienden selbst, seiner Ontologie ausgesagt wird, im Sinne einer „Unverborgenheit des Wesens" oder „Sich-Zeigen und Offenbaren der Sache von sich her" (Gloy 2004, S. 76ff.). Wie wir gesehen haben, sind derartige realistische Erkenntniskonzepte sehr leicht mit **starken Bedenken** zu konfrontieren (siehe Kap. 2.2.2), so dass das Verständnis einer „absoluten Beziehung" zwischen Theorie und Faktum **nur schwer aufrechtzuerhalten** ist.

Korrespondenztheorie der Wahrheit

Gleichwohl ist diese Annahme die Grundlage korrespondenztheoretischer Ansätze, die über weite Strecken die Philosophiegeschichte dominiert haben. Die Korrespondenztheorie (oder Adäquatheitstheorie) der Wahrheit nimmt eine **Relation** (einen Zusammenhang) **zwischen** den Gedanken oder den **Aussagen** über etwas **mit der Wirklichkeit** an. Vereinfacht gesagt: Ein beliebiges Etwas x ist genau dann wahr, wenn x mit irgendeinem existierenden Sachverhalt korrespondiert (vgl. Held 2008). Das klingt auf den ersten Blick nach keinem wirklichen Unterschied zur objektiv-ontischen Auffassung von der Wahrheit. Während es jedoch bei dieser um die reine Sachwahrheit geht, die ausschließlich im objektiven Bereich liegt, betont die Korrespondenztheorie dagegen die subjektive Seite und begreift Wahrheit als **Übereinstimmung oder Angleichung des subjektiven Erkenntnisvermögens an den objektiven Sachverhalt** (vgl. Gloy 2004, S. 92ff.). Dabei ist klar, dass der Gebrauch von Sprache zur Beschreibung der Korrespondenzbeziehung stets nur metaphorisch verstanden werden kann, egal welche Beschreibungsweisen und begrifflichen Mittel man auch wählt. Trotz dieser (sprachlichen) Einschränkung verstehen korrespondenztheoretische Ansätze **Wahrheit im Sinne einer Abbildung, Widerspiegelung oder Repräsentation**, bei der sich die objektive Sphäre als originäre in der subjektiven abbildet, widerspiegelt oder repräsentiert. Daraus ergeben sich mindestens **zwei Probleme**. Unklar ist:

1. die **Bestimmung des Wahrheitsträgers** (*truthbearer*): Um welche Entitäten handelt es sich eigentlich, die mit den Tatsachen oder der Wirklichkeit übereinstimmen müssen, damit wir sie „wahr" nennen können? Was ist es also, wovon wir sagen dürfen, es sei wahr oder falsch? Diese Frage verweist darauf, dass nicht jede beliebige Aussage im Hinblick auf seine Wahrheit geprüft werden kann. Als Aussagen gelten nur sinnvolle Sätze einer Sprache, „mit denen von etwas behauptet werden kann, es sei in der Weise beschaffen, wie es durch den ausgedrückten Sinn beschrieben (gesetzt) wird" (Kreiser 1990, S. 747, siehe auch Habermas 1973, S. 211f.).
2. die **Bestimmung des Wahrheitsmachers** (*truthmaker*): Um was handelt es sich, womit Aussagen übereinstimmen müssen, um wahr zu sein? In der Wissenschaft sprechen wir in der Regel von Tatsachen, und insofern liegt es nahe, dass diese Tatsachen auch als Wahrheitsmacher fungieren. Allerdings ist nicht wirklich eindeutig, was Tatsachen eigentlich sind. So lässt sich weder ein allgemeiner Begriff von Tatsachen noch eine einzelne Tatsache selbst identifizieren, ohne auf Aussagen zurückzugreifen. Damit gerät man in einen definitorischen Zirkel, bei dem man das, was man eigentlich erst definieren möchte (Wahrheit), bereits in dem Begriff, den man zur Definition heranzieht (Tatsache), beinhaltet. Daher ist eine Definition, die besagt, dass das wahr ist, was mit den Tatsachen übereinstimmt, letztlich inhaltsleer (vgl. Kreiser 1990).

Kohärenztheorie der Wahrheit

Aus den unüberwindlichen Schwierigkeiten mit dem Wahrheitsbegriff der Korrespondenztheorien sind die Kohärenztheorien als eine **Variante subjektimmanenter Ansätze** hervorgegangen. Hier geht es nicht um einen Abgleich einer Aussage mit einer objektiven Realität, sondern um ihre **Ver-**

träglichkeit mit allen anderen Aussagen. Kohärenz heißt dann die Fähigkeit einer Aussage, sich in ein System von Aussagen integrieren zu lassen und so mit den übrigen Aussagen widerspruchslos kompatibel zu sein (vgl. Gloy 2004, S. 168ff.). Ein Beispiel für die logisch-empirische Anwendung dieser Denkschule ist der **Kritische Rationalismus** Karl Poppers (siehe Kap. 2.2.2).

Wahrheit im (Radikalen) Konstruktivismus

Wie wir in Kapitel 2.2.2 bereits gesehen haben, lässt sich ein Wahrheitsbegriff, der einen Abgleich mit der Wirklichkeit sucht, in **anti-realistischen Erkenntniskonzepten** nicht aufrechterhalten. Im Verständnis des (Radikalen) Konstruktivismus beispielsweise **ist der Realitätstest von Aussagen** – immer und unausweichlich – **ein interner Prozess**. Intern in dem Sinne, dass sich der Abgleich der Aussagen an dem orientiert, was uns zugänglich ist – und das ist unsere Lebenswelt und Lebenspraxis. Um die **Relativität der „Wahrheit"** wissenschaftlicher Aussagen zu betonen (und um gleichzeitig dem Problem mit dem so leicht missverständlichen Begriff der Wahrheit seine Schärfe zu nehmen), schlägt Heinz von Glasersfeld die **Einführung eines Ausdrucks aus der Biologie**, die *Viabilität*, vor.

Viabilität

> „Handlungen, Begriffe und begriffliche Operationen sind dann viabel, wenn sie zu den Zwecken oder Beschreibungen passen, für die wir sie benutzen. Nach konstruktivistischer Denkweise ersetzt der Begriff der Viabilität im *Bereich der Erfahrung* den traditionellen philosophischen Wahrheitsbegriff, der eine ‚korrekte' *Abbildung der Realität* bestimmt. Diese Substitution ändert natürlich nichts am Alltagsbegriff der Wahrheit, der getreuliche Wiederholung oder Beschreibung einer *Erfahrung* bedeutet.
>
> Für diejenigen, die an Erkenntnis als Abbildung glauben, bewirkt diese radikale Veränderung des Begriffs der Erkenntnis und seines Bezugs zur Realität einen furchtbaren Schock. Sie schließen direkt daraus, daß die Ablehnung der Abbildungsvorstellung gleichbedeutend ist mit dem Leugnen der Realität schlechthin, was freilich töricht wäre. Die Welt unserer Erfahrung ist ja kaum je so, wie wir sie gerne hätten. Dies schließt jedoch nicht aus, dass wir unser Wissen davon selbst konstruiert haben" (Glasersfeld 1997, S. 43, Hervorhebungen im Original).

Viabilität heißt also **brauchbar, gangbar, passend, funktionierend** und bezeichnet die **Brauchbarkeit einer Theorie** oder eines **Weges zur Lösung eines Problems**. Das Konzept der Viabilität beinhaltet dabei gleichzeitig das Bewusstsein, dass es neben dem gewählten Weg auch **zahlreiche andere gangbare Wege** gibt, die vielleicht zu ähnlichen, aber möglicherweise eben auch zu ganz anderen Lösungen führen, und dient als Ersatz für den so leicht irreführenden Begriff der Wahrheit. Ein Beispiel für eine viable Theorie in der Physik ist die Theorie der Quarks, die – wie oben bereits gezeigt (Kap. 2.2.2) – zwar ein sehr brauchbarer Vorschlag der Hochenergieforschung der 1960er- und 1970er-Jahre ist, aber keineswegs das zwangsläufige Ergebnis der damaligen Anstrengungen darstellt. Eine zusammenfassende Übersicht über die Grundargumentationen der verschiedenen Wahrheitstheorien zeigt Tabelle 3.

Tab. 3: Die verschiedenen Wahrheitstheorien, ihre Definitionen und Kriterien im Vergleich (eigener Entwurf)

	Definition von Wahrheit/Epistemologie	**„Wahrheitsträger"**	**„Wahrheitsmacher" (Wahrheitskriterium)**
Absoluter, objektiv-ontischer Begriff der Wahrheit	Wahr ist, was mit den Tatsachen übereinstimmt; Naiver Realismus	Aussagen	Tatsachen
Korrespondenztheorie der Wahrheit	Wahr ist, was mit der Realität korrespondiert (Abbild, Widerspiegelung, Repräsentation)	Aussagen	Tatsachen
Kohärenztheorie der Wahrheit	Wahr ist, was sich widerspruchsfrei in ein System von Aussagen integrieren lässt	Aussagen	Widerspruchsfreiheit zwischen Aussage und dem Aussagesystem, in dem sie gesetzt wird
Viabilität als „Wahrheit"	„Die" Wahrheit kann es nicht geben, da sie beobachterabhängig ist – „passend" ist daher, was sich als brauchbar für die Lösung eines Problems erweist; (Radikaler) Konstruktivismus	ein Tun (im Sinne von: jedes Erkennen ist Tun)	die uns zugängliche Lebenswelt (wobei das Wissen darüber ein Produkt unserer Konstruktionen ist)

2.3 Wie kommt das Neue in die Welt? Über logische Schließverfahren und Erkenntnis

Immer wieder Tatsachen

Ausgehend von dem weit verbreiteten Verständnis von Wissenschaft, dass diese „eine Erkenntnisform ist, die auf erfahrbaren Tatsachen beruht", haben wir uns bislang mit dem Fragenkomplex beschäftigt, was **erfahrbare Tatsachen** sind, welche **Möglichkeiten der Beobachtung von Tatsachen** wir haben und **wie wir erkennen**, dass es sich bei etwas **um eine Tatsache handelt**. Wir haben dabei gesehen, dass Tatsachen weder einfach und sicher festzustellen, noch einfach und sicher gegeben sind. Der zunächst naheliegende Schluss, dass wissenschaftliche Erkenntnis sich an Tatsachen orientiert, die festgestellt werden und die anschließend zu einer theoretischen Erklärung führen, die diesen Tatsachen entspricht, hat sich als nicht besonders plausibel herausgestellt. Denn **die Frage, was als erstes kommt, Tatsache oder Theorie**, lässt sich nicht eindeutig klären, da die Antwort maßgeblich vom wissenschaftstheoretischen Standpunkt abhängt. Ungeachtet dieser Debatte geht es im folgenden Kapitel um die Frage, wie aus – auf welcher unsicheren Basis auch immer – festgestellten Tatsachen wissenschaftliche Gesetze und Theorien in einem logischen Sinne abgeleitet werden können. Kurz: Es geht um **Schließverfahren** sowie **ihre Potenziale und Grenzen** für wissenschaftliche Erkenntnis.

2.3.1 Induktion: Der Schluss vom Einzelfall auf eine Regel

Prinzip der Induktion

Die einfachste Form, wie man zu einer Regel oder einer allgemeinen Aussage gelangt, ist die Induktion. Hierbei wird von der Beobachtung von Einzelfällen auf eine Regel geschlossen. Das Argument lautet beispielsweise wie folgt (vgl. CHALMERS 2001, S. 37ff.):

(Beobachtung 1) Metall X_1 dehnte sich aus, als es zum Zeitpunkt t_1 erhitzt wurde.
(Beobachtung 2) Metall X_2 dehnte sich aus, als es zum Zeitpunkt t_2 erhitzt wurde.
(Beobachtung 3) Metall X_3 dehnte sich aus, als es zum Zeitpunkt t_3 erhitzt wurde.

Konklusion: Alle Metalle dehnen sich aus, wenn sie erhitzt werden.

Induktiver Fehlschluss

So schlüssig eine Schlussfolgerung auf der Grundlage von Einzelfall-Beobachtungen auch sein mag, die getroffene Schlussfolgerung ist **kein logisch valides** (gültiges) **Argument**. Logisch valide würde bedeuten: Wenn die Prämissen (siehe Deduktion) wahr sind, müssen auch die Schlussfolgerung zwangsläufig wahr sein. Um im obigen Beispiel zu bleiben: Es ist nicht ausgeschlossen (d.h. es gibt keine logische Garantie), dass es nicht bestimmte Metalle gibt, die sich unter spezifischen Bedingungen zusammenziehen anstatt sich auszudehnen, wenn sie erhitzt werden. Selbst **bei einer sehr großen Anzahl von Einzelbeobachtungen**, die alle für dieselbe Schlussfolgerung sprechen, **wird die Konklusion nicht gültiger oder wahrer**. Ein einziger Fall, der den bisherigen Beobachtungen widerspricht, reicht aus, um die ganze Schlussfolgerung zu kippen und die Falle des induktiven Fehlschlusses zu offenbaren, in die man getappt ist. CHALMERS führt zur Illustration des induktiven Fehlschlusses ein Beispiel von BERTRAND RUSSEL an:

> „Es bezieht sich auf einen Truthahn, der an seinem ersten Morgen auf der Truthahnfarm feststellte, dass er um neun Uhr morgens gefüttert wurde. Nachdem sich diese Erfahrung während mehrerer Wochen wiederholt hatte, fühlte sich der Truthahn sicher, den Schluss zu ziehen ‚Ich werde jeden Morgen um neun Uhr gefüttert'. Leider stellte sich dieser Schluss auf eindeutige Art und Weise als falsch heraus, als der Truthahn an Weihnachten statt gefüttert zu werden, den Hals durchgeschnitten bekam. Das Argument des Truthahns führte ihn von einer Reihe richtiger Beobachtungen zu einem falschen Schluss, was die Ungültigkeit des Arguments aus der Sichtweise der Logik deutlich macht" (CHALMERS 2001, S. 38).

Trotz der offensichtlichen Schwäche dieses Schließverfahrens **beruhen viele wissenschaftliche Gesetze auf dem Prinzip der Induktion**. So ist beispielsweise NEWTONS in Kapitel 2.1.1 erwähntes Gravitationsgesetz das Ergebnis zahlloser Beobachtungen auf der Erde und hat sich hier (bislang) auch eindeutig als wissenschaftliches Gesetz bewährt. In den Grenzbereichen unserer Alltagswelt jedoch (bei sehr hohen Geschwindigkeiten, in der Nähe sehr großer Massen oder bei extrem kleinen Raumabständen) wirken offensichtlich andere Kräfte als die Gravitation. Die Beobachtungen in diesen Fällen lassen sich zumindest nicht schlüssig erklären, wenn man an dem Gesetz der Gravitation festhält und dieses als Grundlage annimmt.

Anforderungen an induktives Schließen

Induktives Schließen lässt sich in der wissenschaftlichen Praxis nicht verhindern, das mag an unserer **unaufhörlichen Suche nach Ordnung und Mustern** sowie einer gewisssen **Sehnsucht nach Gewissheiten** liegen, die es nicht zulassen, einen permanenten Zweifel mit uns herumzutragen. **Um eine induktive Schlussfolgerung** von beobachteten Tatsachen auf wissenschaftliche Gesetze **zu rechtfertigen**, müssen daher **folgende Bedingungen** erfüllt sein (vgl. CHALMERS 2001, S. 38ff.):

1. Verallgemeinerungen müssen auf einer **großen Anzahl von Beobachtungen** beruhen.
2. Die Beobachtungen müssen unter einer **großen Vielfalt von Bedingungen** wiederholt worden sein.
3. **Keine Beobachtungsaussage darf im Widerspruch** zu dem entsprechenden allgemeinen Gesetz **stehen**.

Zusammengefasst lautet das Prinzip der Induktion dann wie folgt: Wenn eine große Anzahl von A unter einer großen Vielfalt von Bedingungen beobachtet wird, und wenn alle diese beobachteten A ohne Ausnahme die Eigenschaft B besitzen, dann besitzen alle A die Eigenschaft B. In der Wissenschaft dürfen also **keine voreiligen Schlüsse** gezogen werden.

Probleme der Induktion

Jedoch sind diese Ansprüche an induktives Schließen keineswegs so einfach zu befolgen, wie sie vielleicht klingen, denn sie haben in unterschiedlichen Fällen eine unterschiedliche Tragweite. **Was heißt denn eine „große Anzahl" und „große Vielfalt von Bedingungen"?** Wie oft muss sich eine Beobachtung wiederholen, bis eine Schlussfolgerung auf eine allgemeine Regel gerechtfertigt ist? Und gelten diese Regeln für alle Fälle? Denken Sie beispielsweise an die Wirkung einer Atomexplosion. Diese häufig zu wiederholen, um beobachten zu können, dass sie auf biologisches Leben (Menschen, Tiere und Pflanzen) so massive Auswirkungen hat, dass sie in der Regel zum Tod führt, stößt auf **begründete ethische Bedenken**. Dagegen ist es ethisch ebenfalls höchst bedenklich, von einer oder ganz wenigen Beobachtungen des Verhaltens von Einzelpersonen (z. B. dem Verhalten einer Gruppe von Jugendlichen zu einem bestimmten Zeitpunkt an einem bestimmten Ort) auf das Verhalten „der Jugend" allgemein zu schließen.

Neben dieser grundsätzlichen Unklarheit über die Anforderungen an Anzahl und Bedingungen der Beobachtungen weist die Induktion noch **zahlreiche andere Probleme** auf, von denen ich nur zwei zentrale aufgreife:

1. **HUMESCHES Induktionsproblem:** Der britische Philosoph DAVID HUME (1711–1776) benannte erstmals das **Problem der Kausalität** (Schluss von

einer Ursache auf eine Wirkung, siehe Kap. 2.2.4) beim induktiven Schließen. Jedes induktive Schließen ist letztlich kausal – wir schließen bei der Beobachtung eines Phänomens auf seine Ursache oder prognostizieren bestimmte Effekte bei spezifischen Auslösern. HUME selbst war durch und durch ein Empirist, der die begriffsfreie Erfahrung als Basis jeder Erkenntnis propagierte (siehe Kap. 2.2.2). Er erkannte aber das Problem, dass **induktives Schließen** allein aufgrund seiner Basisannahmen eigentlich **eine ungültige Form des Schließens** ist. Denn die Grundlage für induktives Schließen ist die Annahme, dass sich die Dinge in der Zukunft genauso verhalten werden, wie sie das in der Vergangenheit getan haben. Damit gehen wir bei jedem Schluss von einer Ursache auf eine Wirkung von einer **Gleichförmigkeit der Natur** aus. Diese Annahme jedoch ist **weder zu beweisen noch zu widerlegen**, daher ist die Induktion als logisches Schließverfahren ungültig.

2. **Erkennen setzt Wissen voraus:** Im 20. Jahrhundert kam die **massivste Kritik** am Induktivismus vor allem von dem uns bereits bekannten Wissenschaftsphilosophen KARL POPPER. Seine Kritik setzt bereits an der Vorstellung des Empirismus von einer **begriffsfreien Erfahrung als Basis der Erkenntnis** an (POPPER 1984, Kapitel 1), die mindestens **drei Aspekte** umfasst: (1) Zum einen hält er es für unmöglich, überhaupt etwas zu beobachten, von dem wir noch nicht einmal einen Begriff haben: Die Tatsache, **dass wir etwas beobachten können, setzt ein Wissen bereits voraus** (siehe auch Kap. 2.2.2). (2) Darüber hinaus hält er die Forderung nach einer begriffsfreien Basis jeglicher Erfahrung für die Wissenschaft für unsinnig, denn sie würde bedeuten, dass **eine begriffsfreie Beobachtung „mehr wert"** sei als eine Beobachtung, die Erfahrung voraussetzt (z.B. könnten Phänomene in den Nanowissenschaften dann nicht untersucht werden, da sie ein Expertenwissen voraussetzen, um überhaupt beobachtet werden zu können). Und schließlich (3) ist auf der Grundlage von Induktion **neue Erkenntnis logisch nicht möglich, wenn die Beobachtung von etwas bereits ein Wissen darüber voraussetzt**. „Neue" Erkenntnis kann somit nur im Rahmen des bereits gewussten erlangt werden kann: „Man kann nicht mehr wissen, als man weiß." Wie neue Erkenntnis dann in die Welt gelangen sollte, ist über Induktion nicht zu erklären.

2.3.2 Deduktion: Der Schluss von einem allgemeinen Gesetz auf einen Einzelfall

Im Unterschied zur Induktion, die zwar eine probate Methode der Schlussfolgerung auf der Grundlage von Beobachtungen ist, aber mit Logik nichts zu tun hat, **leitet sich die Deduktion aus der Logik ab** (vgl. CHALMERS 2001, S. 35 ff.). Die vielen Detailfragen und feinen Varianten der Logik brauchen uns hier nicht zu interessieren, es geht allein um das Prinzip. Bei einer Deduktion wird **aus Voraussetzungen** (Prämissen), die **in Form einer allgemeinen Aussage und einer Aussage über einen Einzelfall** vorliegen, **geschlossen**, was daraus logisch folgt.

Prinzip der Deduktion

Die Schlussfolgerung entspricht also folgender Struktur:

(1) Allgemeine Aussage oder wissenschaftliches Gesetz (Prämisse I)
(2) Aussage über einen Einzelfall (Prämisse II)

---

(3) Schlussfolgerung (Konklusion)

Ein Beispiel:

(1) Alle Bücher über theoretische Geographie sind interessant (Prämisse I).
(2) Dies ist ein Buch über theoretische Geographie (Prämisse II).

---

(3) Dieses Buch ist interessant (Konklusion).

(1) und (2) bilden die Voraussetzungen, um zu der Schlussfolgerung (3) zu kommen. Die Grundannahme für eine *logisch gültige* Deduktion lautet: Sind die **Voraussetzungen**, also (1) und (2) **wahr**, dann kann auch die **Schlussfolgerung** (3) nicht falsch, sondern muss **zwangsläufig wahr** sein. Eine kleine Variation in der Ausgangsprämisse verdeutlicht, dass die Deduktion **einer allgemeingültigen Aussage bedarf** (einer All-Aussage oder eines wissenschaftlichen Gesetzes):

(1) Viele Bücher über theoretische Geographie sind interessant.
(2) Dies ist ein Buch über theoretische Geographie.

---

(3) Dieses Buch ist interessant.

In diesem Fall handelt es sich um keine logisch gültige Deduktion, da die erste Prämisse die Möglichkeit eröffnet, dass es auch fade Bücher über theoretische Geographie geben kann. Insofern ist logisch nicht eindeutig ableitbar, dass das vorliegende Buch auch tatsächlich ein interessantes Buch ist.

Deduktion als Normalform der Wissenschaft

In der Wissenschaft, vor allem wenn es sich um so genannte **Normalwissenschaft** (siehe Kap. 3.1.1) handelt, erfolgen die meisten Schlussfolgerungen auf der Grundlage von Deduktion und weniger auf induktivem Schließen. Studierende lernen im Laufe ihres Studiums, **welche Erklärungsansätze und Deutungsmuster für bestimmte Phänomene** in ihrer Disziplin **benutzt werden**. In ihrer Qualifikationsarbeit schließlich sollen sie den Nachweis erbringen, dass sie gelernt haben, eine Fragestellung nach wissenschaftlichen Kriterien zu bearbeiten. Und dazu gehört auch in der Geographie in der Regel, gängige Erklärungsmuster auf einen spezifischen Fall anzuwenden. Die **Produktion von weiteren wissenschaftlichen Fallstudien zu einem bestimmten Phänomen** ist ein klassischer Fall angewandter Deduktion in einer Phase der Normalwissenschaft.

Deduktion und Wahrheit

Zahlreiche Beispiele aus der Wissenschaftsgeschichte belegen, dass mit dieser Vorgehensweise noch keineswegs etwas über die *Wahrheit* von Erkenntnis (siehe Kap. 2.2.5) gesagt ist. Ein gutes Beispiel hierfür ist die Auseinandersetzung zwischen den so genannten **Neptunisten** und **Plutonisten**, die von etwa 1790 bis 1830 andauerte und für die **Entstehung der moder-**

nen Geologie eine zentrale Rolle spielte (vgl. HÖLDER 1989, S. 36ff.). Der knapp ein halbes Jahrhundert andauernde **Wissenschaftsstreit** drehte sich um die Frage nach der Entstehung von Gesteinen.

Beispiel: Streit zwischen Neptunismus und Plutonismus

Die **Neptunismus-Theorie** geht auf den deutschen Geologen ABRAHAM GOTTLOB WERNER (1749–1817) zurück, der von einem hypothetischen „Urmeer" ausging, das für den Ursprung der Gesteinsentstehung verantwortlich war. Er knüpfte damit an die biblische Schöpfungsgeschichte (Sintflut) und die in seiner Zeit gängigen Katastrophentheorien an. Nach seiner Überzeugung fand die „uranfängliche" **Entstehung von Gesteinen im Wasser** statt. Ein ungelöstes Problem stellte für WERNER der Vulkanismus dar, den er als eine geologische Erscheinung der jüngeren Erdrinde deutete, die durch Brände in unterirdischen Kohleflözen hervorgerufen wurden. Ein sehr prominenter Anhänger von WERNERS Neptunismus-Theorie war übrigens JOHANN WOLFGANG VON GOETHE. Dieser Theorie gegenüber stand die **Plutonismus-Theorie**, die hauptsächlich von dem schottischen Geologen JAMES HUTTON (1726–1797) entwickelt wurde. Er verstand die **Gestaltungskräfte der Erde als ein Ergebnis eines „Zentralfeuers" im Erdinneren**. Sowohl die Entstehung der Gesteine als auch die Bildung der Gebirge und Kontinente sowie der Vulkanismus seien daraus ableitbar und bildeten einen dynamischen Prozess. Beide Theorien wurden von ihren jeweiligen Vertretern und Anhängern als plausibel erachtet und erfuhren in den jeweiligen Gegebenheiten ihre Anwendung. Für die **Vertreter des Neptunismus** wäre die **folgende Deduktion** demnach eine logisch gültige und gleichzeitig wahre Schlussfolgerung:

(1) Alle Gesteine, die eine Schichtung zeigen, entstehen durch Ablagerung im Wasser.
(2) Die Gesteine der Eifel-Vulkane zeigen eine Schichtung.

---

(3) Die Gesteine der Eifel-Vulkane sind durch Ablagerung im Wasser entstanden.

Nach dem heutigen Verständnis ist diese Aussage blanker Unsinn, dennoch ist sie eine **logisch gültige Schlussfolgerung**.

„Sieg" der Plutonisten

ALEXANDER VON HUMBOLDT war es schließlich, der mit seinen Daten und Befunden, die er im Laufe seiner Südamerika-Expedition zusammengetragen hatte, die Neptunismus-Theorie zurückdrängte. Er konnte zeigen, dass beispielsweise **Basalt und Porphyr Vulkangesteine** sind, und belegte damit, dass die Theorie der Neptunisten als nicht plausibel anzusehen ist. Diese Erkenntnis publizierte er allerdings erst 1826 und bekannte sich damit zu der alternativen Theorie des Plutonismus erst nach dem Tod ABRAHAM GOTTLOB WERNERS. Davor hielt er – trotz unzähliger widersprechender Beobachtungen – an der neptunistischen Interpretation fest, vermutlich aus einem Gefühl der Loyalität heraus, weil WERNER einige Zeit sein Lehrer war.

Vergleich Induktion und Deduktion

Induktion und Deduktion sind zwei zentrale Schließverfahren in der Wissenschaft, die sich bezüglich ihrer **Vorgehensweise** und im Hinblick auf ihre **logische Gültigkeit** deutlich **unterscheiden**. Zusammenfassend lässt sich für die empirische Arbeit festhalten: „Eine Hypothese ist bei induktiver Vorgehensweise das Resultat und bei deduktiver Vorgehensweise der Ausgangspunkt einer empirischen Untersuchung" (BORTZ & DÖRING 1995,

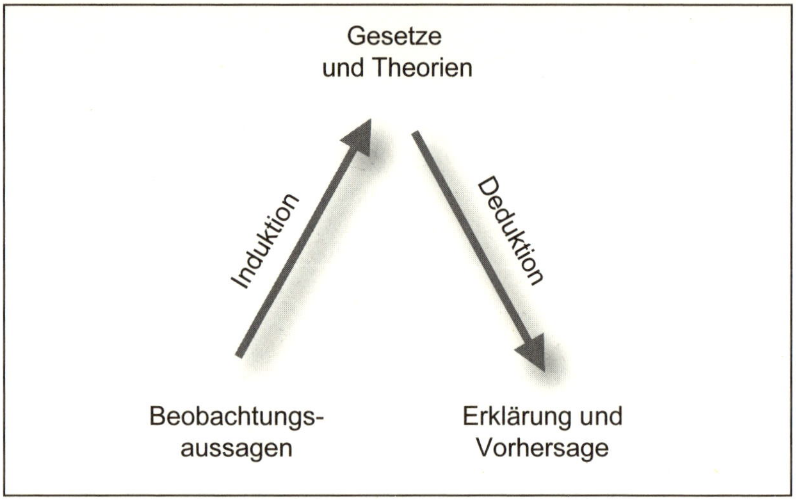

Abb. 7: Induktion und Deduktion (eigener Entwurf)

S. 30). Abbildung 7 soll diesen Zusammenhang verdeutlichen. Die Kennzeichnung *logisch gültig* kann nur die Deduktion für sich in Anspruch nehmen, da die Induktion immer mit der Gefahr des induktiven Fehlschlusses (das Auftauchen des einen Falls, der allen bisherigen Fällen widerspricht) behaftet ist.

Induktive und deduktive Schlussfolgerungen kommen überall in der Wissenschaft vor und **erfolgen** somit auch **auf jeder Ebene der wissenschaftlichen Arbeit**. Versucht man diese Arbeit zu gliedern, dann ergibt sich ein **Drei-Ebenen-Modell** (vgl. Abb. 8), das auch versucht, einige zentrale Argumente der Kapitel 2.2 und 2.3 zusammenzufassen. Die unterste Ebene bilden aktuelle Beobachtungssätze, die mittlere Ebene empirische Gesetze und die oberste Ebene wissenschaftliche Theorien. Die drei Ebenen sind über verschiedene Prozesse miteinander verbunden. Beobachtungen führen über Induktion zu empirischen Gesetzen, wobei einzelne Beobachtungen ein empirisches Gesetz stärken oder schwächen können. Ebenso können Veränderungen auf der Ebene der empirischen Gesetze die darüber liegenden wissenschaftlichen Theorien stärken oder schwächen, je nachdem, ob sie die herrschende Theorie stützen oder ihr widersprechen. Gleichzeitig dienen die beiden oberen Ebenen über Deduktion der Erklärung und Voraussage – zwei wesentliche Erwartungen an die Wissenschaft. Wissenschaftliche Theorien erklären empirische Befunde oder lassen sie erwartbar sein (Voraussage), ebenso wie empirische Gesetze einzelne aktuelle Beobachtungen erklären oder voraussagen können. Die Art und Weise, wie diese Ebenen der wissenschaftlichen Arbeit sich konkret **inhaltlich ausgestalten**, werden jedoch im Wesentlichen **durch die zugrunde gelegte erkenntnistheoretische Position „gefärbt"** (siehe Kap. 2.2.2) – das sollen die unter den Ebenen angebrachten „Farbeimer" andeuten. So ist es von zentraler Bedeutung, ob die Vorstellung von einer „begriffsfreien Basis des Wissens in der Erfahrung" (Empirismus) oder die Annahme, dass jede Beobach-

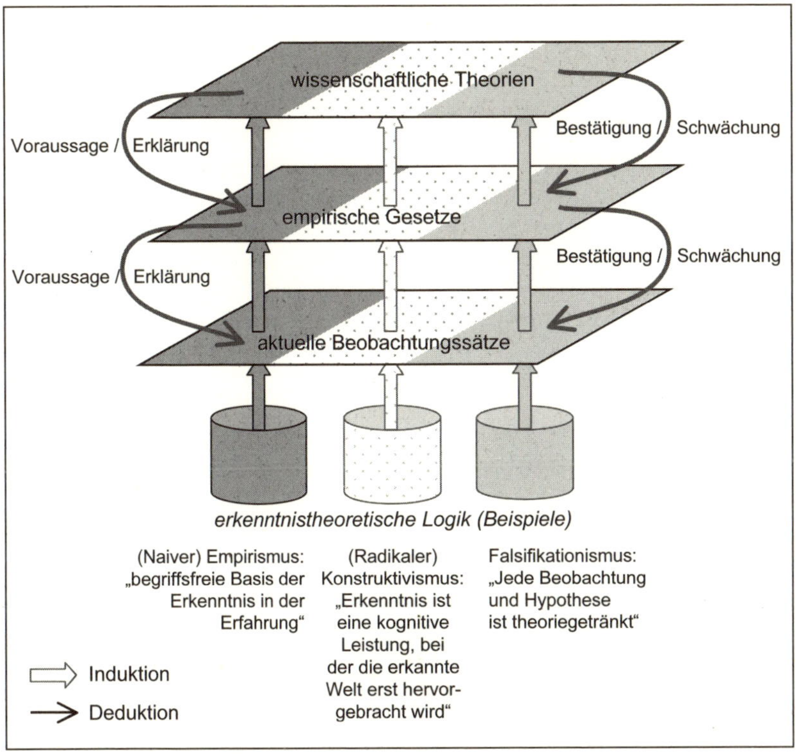

Abb. 8: Ebenen wissenschaftlicher Arbeit und ihre Zusammenhänge. Der jeweilige „Anstrich" ist abhängig von der zugrunde gelegten erkenntnistheoretischen Logik (erweitert nach SCHURZ 2006, S. 31)

tung und jede Hypothese bereits „theoriegetränkt" ist (POPPER und der Falsifikationismus), als Ausgangspunkt der wissenschaftlichen Arbeit dient. Wiederum einen gänzlich anderen „Anstrich" erhält die Arbeit, wenn sie auf (radikal) konstruktivistischen Grundannahmen basiert, die eine Verankerung von Erkenntnis in einer empirischen Realität in den Bereich der Metaphysik verweist und jeglichen Abgleich von Empirie und Beobachtung als einen rein internen Prozess versteht, der sich jeweils an der eigenen Lebenswelt orientiert. Die – bewusst oder unbewusst – **gewählte erkenntnistheoretische Logik durchdringt alle Ebenen der wissenschaftlichen Arbeit** und entfaltet ihre Wirkung, beginnend bei der Beobachtung von Phänomenen, sich fortsetzend in den darauf aufbauenden Schlussfolgerungen (empirischen Gesetzen) und letztlich bei der Theoriebildung. Daher ist es für die wissenschaftliche Arbeit **unabdingbar, sich den eigenen erkenntnistheoretischen Standpunkt zu verdeutlichen**: Er hat Auswirkungen auf die gesamte Arbeit.

2.3.3 Abduktion: Der Schluss auf die beste Erklärung

Wege neuer Erkenntnis

Hätten wir in der Wissenschaft nur **Induktion und Deduktion** zur Verfügung, wäre es um *neue* Erkenntnis übel bestellt. Denn bei beiden Schließverfahren ist es nahezu ausgeschlossen, dass eine neue Erkenntnis in die Welt kommt, da beide **auf vorher Bekanntem aufsetzen**. Die Möglichkeiten zur Entdeckung eines neuen Phänomens sind mit diesen Schließverfahren also zwangsläufig limitiert. Darüber hinaus liegen diese eingeschränkten Möglichkeiten bereits in der Sache selbst begründet: Die Entdeckung oder **Erfindung von etwas Neuem ist nicht planbar**. Insofern betont Karl Popper ganz folgerichtig, dass es „eine logische, rational nachkonstruierbare Methode, etwas Neues zu entdecken, nicht gibt" (Popper 1966, S. 7). Vielmehr enthalte jede Entdeckung ein „irrationales Moment", sei eine „schöpferische Intuition". Wie kann es also tatsächlich zu der Entdeckung von Neuem kommen? Die Wissenschaftstheorie hält hierfür den Begriff der Abduktion vor, der streng formallogisch **kein Bestandteil des logischen Schließens** ist. Mit Abduktion wird der Schluss auf das Naheliegendste oder auf die beste Erklärung bezeichnet, wenn also aus bekannten (beobachteten) Effekten oder Konsequenzen auf eine Ursache geschlossen wird, die unbekannt ist.

Die Idee der Abduktion geht bereits auf Aristoteles zurück, aber für die Logik des Wissenschaftsprozesses fruchtbar gemacht und damit neu in die wissenschaftliche Debatte eingeführt hat sie 1893 der Mathematiker und Philosoph **Charles Sanders Peirce** (1839–1914).

Prinzip der Abduktion

Den **Ausgangspunkt** für eine Abduktion bildet eine Überraschung, eine Beobachtung oder ein Ereignis, das **ernsthafte Zweifel an der Richtigkeit der bisherigen Überlegungen** und Vermutungen aufkommen lässt. Der Versuch, eine Erklärung für das überraschende Ereignis zu finden, mündet in eine Unterstellung, eine Art als-ob-Annahme: Wenn die Erklärung für das Phänomen zutrifft, ist der Überraschungseffekt des Ereignisses verloren. Zentral an den Überlegungen von Charles Sanders Peirce ist, dass die Suche nach einer Erklärung die **Suche nach einer neuen Regel** darstellt. Es geht also nicht nur um die Erklärung des einzelnen überraschenden Ereignisses. Die neue Regel muss erst gefunden werden, sie ist zum Zeitpunkt des überraschenden Ereignisses noch nicht bekannt, denn hätte sie bereits vorgelegen, wäre das Ereignis nicht überraschend gewesen. Den letzten Schritt der Abduktion bildet schließlich die **Suche nach anderen Fällen, die ähnlich gelagert sind**. Hierbei zeigt sich, ob die gefundene Regel tatsächlich zur Erklärung des überraschenden Ereignisses geeignet ist. Das tut sie dann, wenn das überraschende Ereignis sich als nur ein Fall (unter vielen) der konstruierten Regel erweist.

Dreischrittige Erkenntnislogik

Nach Peirce folgt der Prozess der Erkenntnis also einem dreischrittigen Prozess von Abduktion, Deduktion und Induktion (vgl. Abb. 9): Am Anfang steht die **Beobachtung einer Überraschung**, an die sich die **Suche nach einer Regel** (oder Hypothese) anschließt (Abduktion). Der zweite Schritt umfasst die **Ableitung von Voraussagen aus der Hypothese** (eine Deduktion), und der dritte Schritt die **Suche nach weiteren Einzelbeobachtungen**, nach anderen Fällen (Induktion), **die die Hypothese belegen**. Lassen sich solche Fakten nicht finden, **beginnt der Prozess von Neuem**, indem nach

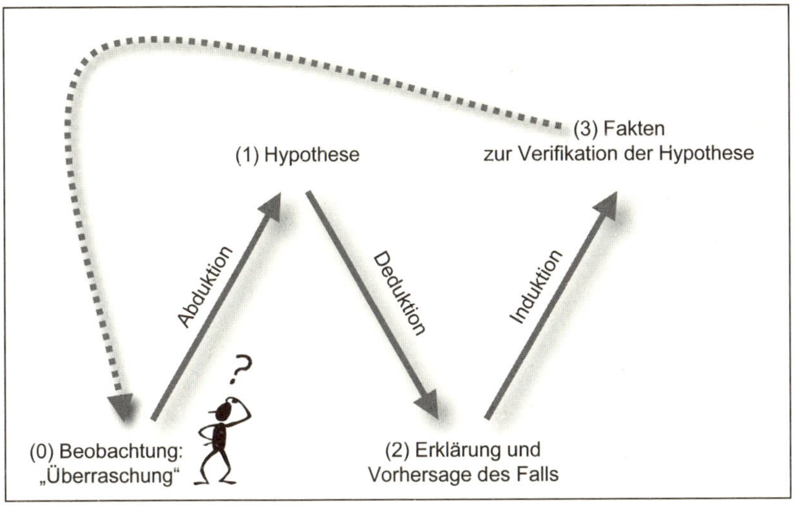

Abb. 9: Abduktion: Prozess der Erkenntnislogik nach CHARLES SANDERS PEIRCE (eigener Entwurf)

einer neuen Regel gesucht wird (Abduktion). Dies wiederholt sich so oft, bis die passenden Einzelbeobachtungen gefunden sind und die Überraschung durch das Finden einer neuen Regel (Theorie) mit Überzeugungskraft beseitigt wurde.

Beispiel Penicillin

Beispiele für Abduktionen finden sich viele in der Wissenschaftsgeschichte, eine Fülle davon in der Medizingeschichte. Denken Sie beispielsweise an die Endeckung des Antibiotikums Penicillin durch **ALEXANDER FLEMING** im Jahr 1928. Der Bakteriologe beschäftigte sich an einem Londoner Krankenhaus mit den Staphylokokken, mit denen er vor seinen Ferien eine Agar-Agar-Kultur beimpfte. Nach seiner Rückkehr entdeckte er, dass auf dem Nährboden ein Schimmelpilz gewachsen war, der offensichtlich die Vermehrung der Bakterien in seiner Nachbarschaft verhindert hatte. FLEMING taufte den bakterientötenden Stoff Penicillin und untersuchte dessen Wirkung auf unterschiedliche Bakterienarten und Zellen. **Trotz seiner frühen Erkenntnis**, dass Penicillin Bakterien wie Staphylokokken, Streptokokken und Pneumokokken abtötete und sich dabei gleichzeitig als ungiftig für menschliche Zellen erwies, **kam er nicht auf die Idee, Penicillin als Medikament einzusetzen**. Diese Entdeckung dauerte noch mehr als zehn Jahre und bedurfte der Arbeit einiger anderer Wissenschaftlerinnen und Wissenschaftler.

Beispiel Fossilienfunde

Andere Entdeckungen dagegen brauchen viele Jahrhunderte, obwohl die Überraschung, die ungelöste Frage, bereits bekannt ist. So berichteten beispielsweise bereits **seit der Antike** immer wieder Geschichtsschreiber oder Reisende über Funde von Fossilien in Steinbrüchen, auf Hügeln oder Äckern, also über etwas, das wir aus heutiger Sicht als versteinerte Überreste oder Zeugnisse der Aktivität von Lebewesen in früheren Epochen der Erdgeschichte verstehen. Bis ins 17. Jahrhundert jedoch blieben diese Funde eine Überraschung, denn es war **unklar, um was es sich dabei ei-**

gentlich handelt. Die Fossilien waren unbestreitbar aus Stein, ähnelten jedoch Muscheln, Korallen oder Seeschnecken. Andere, die so genannten „Zungensteine", sahen so aus, als wären es zu Stein erstarrte Zähne von Haifischen. Auch die Frage, wie Muscheln auf einem Berg wachsen sollten, war völlig unklar, hatte Gott als Schöpfer doch bestimmt, dass Muscheln nur im Meer vorkommen sollten. Angesichts dieser überraschenden Funde suchten die Menschen nach plausiblen Theorien. Die Erklärungsversuche in dieser Geschichte zeigen uns gleichzeitig, dass die **Plausibilität einer Erklärung** in hohem Maße **von der allgemeinen Weltsicht desjenigen abhängig** ist, der die These aufstellt. Denn die verschiedenen Erklärungsversuche klingen aus heutiger Sicht mehr als abenteuerlich. Hier eine kleine Auswahl (vgl. CUTLER 2004, S. 75 ff.):

- Da der Kosmos als Netz astraler Einflüsse und okkulter Wechselwirkungen verstanden wurde, lebte und bebte die Erde vor „plastischen Kräften" und „generativen Prinzipien", sie triefte von „gesteinsbildenden Säften" und „feuchten Ausdünstungen". Somit **wuchsen Steine von jeder erdenklichen Gestalt** wie Pflanzen und fielen auch mit dem Regen zu Boden.
- Nach der **Hypothese der Spontanzeugung** konnten Muscheln ebenso leicht auf dem trockenen Land entstehen wie im Meer. ARISTOTELES hatte bereits geschrieben, dass sich auf diese Weise Schalentiere und alle anderen nichtpaarenden Lebewesen vermehrten. Es entsprach ihrer Natur, überall dort spontan zu wachsen, wo günstige Bedingungen herrschten. Wieso sollten Muscheln und Austern, vielleicht nach einem ordentlichen Regenguss, nicht in salzigen Wüstenböden oder kalkigem Gebirgsgestein sprießen?
- Außerdem ging man davon aus, dass die **charakteristischen Merkmale einer Tier- oder Pflanzenart** nicht durch ein vererbtes inneres Programm bestimmt wurden, (das kam erst mehr als zweihundert Jahre später). Vielmehr wurden die Charakteristika einer bestimmten Art **von der Weltseele und der Sphäre der Ewigen Formen** in diese **hineingestrahlt**. Von allen irdischen Sphären reichten die Berggipfel am nächsten an die himmlische Sphäre heran, in der die Ewigen Formen wohnten. War es somit nicht sehr gut denkbar, dass sie bisweilen Muschelemanationen abfingen, die für den Meeresboden bestimmt waren, und man deswegen auch Muscheln in den Bergen finden konnte?

Problematisch war zudem, dass **viele der Funde** zwar aussahen wie Lebewesen, aber oft **von den lebenden Exemplaren abwichen** oder gar kein ähnliches lebendes Exemplar mehr zu finden war. Die Theorie der Evolution lag noch ca. zweihundert Jahre in der Zukunft, und gemäß der Überzeugung in dieser Epoche, hatte Gott die Erde nur für eine begrenzte Zeit erschaffen (1655 hatte der irische Bischof JAMES USSHER die Entstehung der Welt auf den 23. Oktober 4004 v. Chr. datiert, und man ging von einer Gesamtdauer der Welt von etwa sechstausend Jahren aus, denn nur Gott – und nicht die Schöpfung – währet ewiglich). Zudem hatte Gott die Welt als etwas Vollkommenes erschaffen, so dass der **Gedanke an möglicherweise ausgestorbene Arten undenkbar** war. So gesehen erscheinen die oben aufgeführten Ideen über die „Spielarten der Natur" nicht mehr ganz so abwegig.

Von der Anatomie zur Geologie

Nach diesem Denkansatz des 17. Jahrhunderts sezierte der **dänische Anatom Nicolaus Steno** (1638–1686) im Jahr 1666 in Florenz den Kopf eines großen Haifisches. Als Anatom war er für seine **überaus präzise Beobachtungsgabe** berühmt, und ihm fiel die frappierende Ähnlichkeit der Zähne mit den Glossopetren, den oben erwähnten Zungensteinen, ins Auge. Mit dieser anatomischen Beobachtungsgabe zog Steno nun aus und untersuchte jene Stellen im Gelände, an denen besonders viele Fossilien zu finden waren. Ähnlich wie bei der Sezierung eines menschlichen oder tierischen Körpers, bei der er genauer beobachtete und dadurch mehr sah als seine Zeitgenossen, entdeckte er **in der Kruste der Erde nicht Chaos, sondern Ordnung und Muster**. Steno erkannte, dass die Fossilen keine Spielart der Natur, sondern die versteinerten Formen von ehemals lebenden Pflanzen und Tieren waren. Somit mussten die Erdschichten, in denen die Fossilien eingeschlossen waren, durch eine **allmähliche Ablagerung von Sedimenten** entstanden sein. Folglich entsprach jede Schicht einer bestimmten Zeitspanne der Vergangenheit. Ihm war es noch nicht möglich, die entsprechende Zeitspanne zu ermitteln, aber ihm war klar, dass die übereinander liegenden Schichten eine **Reihenfolge** aufwiesen, bei der die untersten Schichten zuerst gebildet worden waren und die obersten zuletzt. Je nach Sedimenten und darin enthaltenen Fossilien lässt sich so auf die Abfolge von Meeren, Flüssen, Seen und Böden schließen, die das Land ehemals bedeckten, und die in Stein geschriebene Geschichte der Erde Schicht für Schicht entziffern. Damit legte er den **Grundstein für die moderne Stratigraphie** und gilt als einer der **Väter der Geologie**, die es als Wissenschaft zu seiner Zeit noch gar nicht gab.

Bedeutung Nicolaus Stenos

Nicolaus Steno ist mit seiner Entdeckung in eine Reihe mit Galileo Galilei und Nikolaus Kopernikus zu stellen (vgl. Cutler 2004, S. 17). Deren Arbeit hatte die **Position des Menschen innerhalb des *Raumes*** revolutioniert, indem sie uns aus dem Zentrum des Kosmos verdrängt und unsere Erde in Bewegung gesetzt hat. Stenos Erkenntnis revolutionierte **unsere Position in der *Zeit***, verdrängte uns aus dem Zentrum der biblischen Schöpfungsgeschichte und erweiterte die Geschichte der Erde von den sechstausend Jahren der Kirche auf nahezu fünf Milliarden Jahre, womit die menschliche Spezies auch ihren **vorherrschenden Platz in der Geschichte der Erde verloren** hat, da es vor ihr bereits zahllose andere Lebewesen auf dieser Erde gab.

Abduktion als Prozess einer Suchbewegung

Abduktives Schließen ist also – trotz der Verwendung des Begriffs der Schlussfolgerung, die an die Logik erinnert – ***keine* Anleitung für eine** regelgeleitete, reproduzierbare und damit **gültige Produktion von neuer Erkenntnis** in der Wissenschaft (vgl. Reichertz 1995 und 2007, Wirth 1995). Vielmehr beschreibt Abduktion den **Prozess einer *Suchbewegung*** nach Erkenntnis, das ist es, was sie von den oben beschriebenen Schließverfahren Induktion und Deduktion zentral unterscheidet:

> „Deduction proves that something *must be*; induction shows that something *actually is* operative; abduction merely suggests that something *may be*" (Peirce 1965, Band 5, S. 171, Hervorhebungen im Original).

Als **einzige Regel** für diese Suchbewegung kann allenfalls **das allgemeine *Sparsamkeitsprinzip* für wissenschaftliche Erklärungen** angenommen wer-

Tab. 4: Wissenschaftstheoretische Konzepte und ihre ontologischen, epistemologischen, methodischen und gesellschaftspolitischen Implikationen im Vergleich (verändert und erweitert nach BLOTEVOGEL 1998, S. 15 und BORSDORF 1999, S. 27)

Ebene **Ansatz**	**Ontologie**	**Epistemologie**	**Methodik und „Wahrheit"**	**Politische Haltung**
Realismus (Naiver Realismus, Empirismus, Positivismus usw.)	Realität existiert außerhalb des Bewusstseins; beobachtete Dinge sind Fakten	Wissen durch Erfahrung auf einer begriffsfreien Basis	Darstellung von Fakten (= Wahrheit); vorwiegend Induktion	Objektivität und dadurch Wertneutralität; in der Regel keine Verantwortungsübernahme für eigene Forschung
Neopositivismus, Kritischer Rationalismus	Realität existiert außerhalb des Bewusstseins; Aussagen über Realität auf Grundlage intersubjektiver Evidenz	Wissen durch Erfahrung anhand von Hypothesenüberprüfung	theoriegeleitetes Vorgehen; Annäherung an Wahrheit; vorwiegend Deduktion	Intersubjektivität; Kritik (Verbesserung); teilweise Verantwortungsübernahme für eigene Forschung
Solipsismus	Realität ist allein ein Produkt des Bewusstseins, da keine Realität außerhalb des eigenen Bewusstseins existiert	keine, da es keine Realität außerhalb des eigenen Bewusstseins gibt	keine Wissenschaft möglich	komplette Isoliertheit und absoluter Relativismus
(Radikaler) Konstruktivismus	ob es Realität außerhalb des Bewusstseins gibt und wie diese beschaffen sein könnte, ist eine Frage der Metaphysik (Glauben); jede Wahrnehmung ist abhängig von beobachtender Person	„Wissen" ist abhängig von den beobachtenden Personen; Verstehen und Rekonstruieren des „Sinns" von Handlungen und Texten	theoriegeleitetes Vorgehen; Selbstreferenz; Zirkularität auf der Grundlage von Differenz; beobachtende Person ist immer Teil des Beobachteten; Abschied vom Absoluten (= keine Wahrheit, sondern Wahrheit*en*)	Subjektivität; Ziel: amoralische Forschung (mit Selbstreferenz); Verantwortungsübernahme für die eigene Forschung
Kritische Theorie, Strukturalismus, (Poststrukturalismus)	Wesentliche Strukturen der Realität sind nicht direkt aus Beobachtungen (Empirie) erschließbar	Erkenntnis muss auf gesellschaftliche Veränderung abzielen; Erkenntnis abhängig von Kontext	Wertende Datenauswahl und Dateninterpretation im Hinblick auf eine angestrebte Veränderung (= Wahrheit im Sinne der Werte); Dekonstruktion von Erkenntnis, Strukturen, Konzepten	Subjektivität; Wertorientierung; Aufdecken von Strukturen und Missständen; radikale gesellschaftliche Veränderung angestrebt; Verantwortungsübernahme für die eigene Forschung

den: Liegen mehrere Theorien zur Erklärung eines bestimmten Phänomens vor, so ist die einfachste und verständlichste (minimalistische) Lösung für das Problem zu bevorzugen. Zudem sollen **Theorien in ihrer inneren Konzeption** auch nach dem **Prinzip der Einfachheit** aufgebaut werden. Diese Regel wird seit dem 19. Jahrhundert auch OCKHAMS Rasiermesser oder OCKHAMS Skalpell genannt, nach dem mittelalterlichen Philosophen und Theologen WILHELM VON OCKHAM (1285–1347), der das Prinzip zwar klar formuliert hatte, aber die Bezeichnung „Rasiermesser" oder „Skalpell" dafür selbst nie verwendete. In die **Informatik** hat OCKHAMS Rasiermesser über eine Umformulierung in das so genannte **KISS-Prinzip** Eingang gefunden (*„keep it simple and stupid"*).

Einfach ist das Beste: OCKHAMS Rasiermesser

Tabelle 4 versucht, einige zentrale Aspekte des gesamten zweiten Kapitels über die **wissenschaftstheoretischen Grundlagen der Geographie** zusammenzufassen, indem sie die ontologischen, epistemologischen, methodischen Implikationen der verschiedenen vorgestellten wissenschaftstheoretischen Konzepte **einander gegenüberstellt**. Die letzte Spalte – „politische Haltung" – ist bereits ein Vorgriff auf Aspekte aus Kapitel 3.1.3 und 3.1.4, in denen gesellschaftspolitische Implikationen der Wissenschaft und verschiedener wissenschaftstheoretischer Positionen im Fokus stehen.

Versuch einer Zusammenfassung

In den vorangegangen Kapiteln sollte deutlich geworden sein, dass wissenschaftliche Forschung versucht, Zweifel auszuräumen, indem sie Regeln (Theorien) findet, welche die beobachteten Phänomene erklären. Diese Regeln werden leicht zu festen Gewissheiten, bis Fälle auftauchen, die der bisherigen Regel widersprechen und Zweifel an der bestehenden Regel auftreten lassen. Diese Zweifel werden über weitere Forschung durch das Finden neuer Regeln ausgeräumt, die dann wiederum zu neuen festen Gewissheiten werden… Nach der Bearbeitung dieses Kapitels sollte Ihnen deutlich geworden sein, dass **jegliche Gewissheiten nur relative und keine absoluten Gewissheiten sein können**. Alles, was wir wissen, ist eben das, was wir wissen. Nicht mehr und nicht weniger. In diesem Sinne könnte eine **Definition von Wissenschaft** auch lauten: Wissenschaft ist der letzte gesicherte Stand des Irrtums.

Wissenschaft ist der letzte gesicherte Stand des Irrtums

3 Strukturen und Bedingungen: Wie funktioniert die (geographische) Wissenschaft?

Was sind wissenschaftliche Strukturen?

Die Auseinandersetzung mit den Prozessen des Erkennens, den Funktionen, Möglichkeiten und Grenzen von Theorien sowie den verschiedenen Aspekten der Suche nach Wahrheit wie in Kapitel 2 beschrieben, reicht noch nicht aus, um zu verstehen, wie **Wissenschaft in ihrer praktischen Umsetzung** funktioniert. Jede wissenschaftliche Suche nach Erkenntnis findet **innerhalb bestimmter Strukturen** statt, die dazu dienen, die gewonnenen Erkenntnisse im Hinblick auf ihre **Methodik und Plausibilität** (mithin ihre Wissenschaftlichkeit) zu prüfen und somit zu gewährleisten, dass sich Wissenschaft **von anderen Wissensbereichen abgrenzen** kann. Die Strukturen der Wissenschaft bestehen aus **Organisationen** (z.B. einem *Institut für Geographie* oder der *Deutschen Akademie für Landeskunde*), **Institutionen** (z.B. Studienordnungen und Prüfungsordnungen), (geschriebenen und ungeschriebenen) **Gesetzen und Regeln**, aber auch aus **Denkschulen und Traditionen**, die einerseits neue Erkenntnisse in einem gedanklichen Kontext rahmen und fortschreiben. Gleichzeitig setzten diese Strukturen andererseits der Erkenntnissuche Grenzen, da sie ganz wesentlich daran beteiligt sind, vorzugeben und (mit) zu bestimmen, welche Themen als Forschungsthemen anerkannt werden und welche Ergebnisse als plausibel anzusehen sind.

Kapitelaufbau

In diesem Kapitel geht es daher im ersten Teil (**Kap. 3.1**) um diese **Strukturen der Wissenschaft** und damit um die **sozialen und psychologischen Bedingungen**, unter denen Forschende ihre Forschung betreiben und nach Erkenntnis suchen, gemeinhin werden diese Strukturen auch als Paradigmen oder Forschungsprogramme bezeichnet. **Kapitel 3.2** widmet sich dann **Paradigmen und Forschungsprogrammen in der Geographie**, einer wissenschaftlichen Disziplin, die auch als ein „Multi-Paradigmen-Spiel" (WEICHHART 2000) verstanden werden kann.

3.1 Strukturen und Krisen der Wissenschaft

Wissenschaftlicher Fortschritt als Prozess

In einer ersten Annäherung an den Prozess des wissenschaftlichen Erkenntnisfortschritts ließe sich dieser als ein **kontinuierliches Ansteigen des Wissens** und eine **fortschreitende Annäherung an die „absolute Wahrheit"** verstehen (siehe Abb. 10a). Mit dem Voranschreiten der Zeit stiegen so auch unser Wissen und die Zahl der wahren Aussagen über die Realität beständig an. Dieser Annahme stehen mindestens **zwei Gründe entgegen**: (1) Wie wir in Kapitel 2.2.5 bereits gesehen haben, ist die **Frage nach der Wahrheit selbst ein umstrittener Forschungsgegenstand**; insofern ist es fraglich, wie die Zahl wahrer Aussagen ansteigen könnte. Darüber hinaus

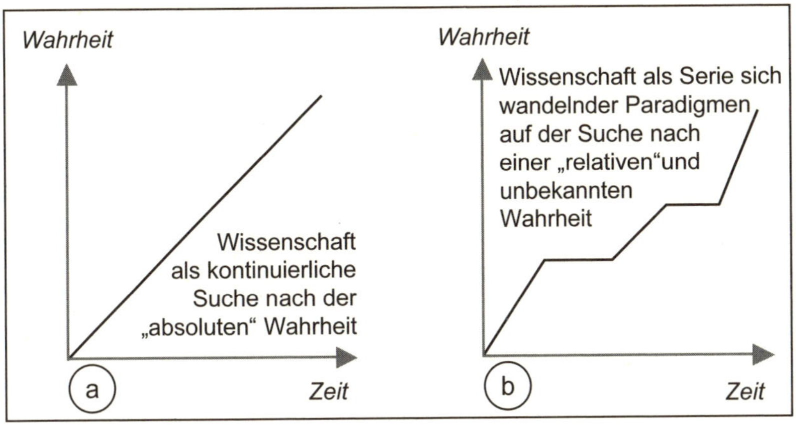

Abb. 10: Wissenschaft auf der Suche nach Wahrheit – unterschiedliche Sichtweisen (nach INKPEN 2005, S. 6f.)

zeigt uns (2) ein Blick in die **Wissenschaftsgeschichte**, dass diese Vorstellung allzu naiv ist. Denn im Rückblick auf die Erkenntnisfortschritte erweist sich die Wissenschaft eher als eine **Abfolge von Voranschreiten, Kehrtwendungen und Umwegen**, als eine geradlinige Entwicklung (vgl. Abb. 10b, die Entwicklungslinie kann – entgegen der zeichnerischen Möglichkeiten – in jegliche Richtung verlaufen). Auch hier erfolgt eine **Suche** nach der Wahrheit, aber keineswegs nach der absoluten, sondern **nach einer „relativen Wahrheit“**.

Wissenschaftlicher Fortschritt durch Revolutionen

Fortschritt in der Wissenschaft vollzieht sich nicht durch kontinuierliche Veränderung, sondern vielmehr durch revolutionäre Prozesse. Das war die zentrale Erkenntnis von **THOMAS S. KUHN**, der für die Bedingungen und Denkschemata, unter denen Wissenschaft abläuft, den **Begriff des Paradigmas** geprägt hat (Kap. 3.1.1). KUHNS Arbeiten führten zu einer **intensiven Kontroverse mit dem Kritischen Rationalismus** nach KARL POPPER (vgl. Kap. 2.2.2), die **IMRE LAKATOS** schließlich versuchte zu schlichten, indem er für seine Konzeption der Forschungsprogramme den **Falsifikationismus nach POPPER** weiterentwickelte und argumentativ **mit den Überlegungen THOMAS KUHNS verband** (Kap. 3.1.2). Zu diesen internen Strukturen der Wissenschaft kommt noch ein weiterer Aspekt der sozialen und psychologischen Strukturierung der Forschung hinzu (Kap. 3.1.3): die Geldgeber, die – oftmals selbst nicht dem Wissenschaftssystem zugehörig – wissenschaftliche Forschung finanzieren (so genannte **Drittmittelforschung**). Hierbei stellt sich die Frage, wem die Wissenschaft eigentlich dient und **welche Konsequenzen sowie soziale/psychologische Rahmenbedingungen** sich aus der finanziellen Abhängigkeit der Wissenschaft **für die einzelnen Forschenden** ergeben. Abschließend richtet sich der Blick auf die **Ethik- und Moralvorstellungen der Forschenden**, die ebenfalls die wissenschaftliche Praxis mit bestimmen (Kap. 3.1.4).

3.1.1 „Normalwissenschaft" und Krisen der Wissenschaft: Paradigmen nach Thomas Kuhn

Thomas S. Kuhn (1922–1996) ist vermutlich der Wissenschaftsphilosoph, der das Verständnis von Wissenschaft im 20. Jahrhundert am stärksten geprägt hat (vgl. Bailer-Jones & Friebe 2009, S. 7). Auf ihn gehen Begriffe wie **„wissenschaftliche Revolutionen"** und **„Paradigmenwechsel"** zurück, die mittlerweile fast Bestandteil der Alltagssprache geworden sind. Auch die Idee, dass **eine Wissenschaftlergeneration oftmals erst aussterben** muss, bevor neue Konzepte den wissenschaftlichen Fortschritt prägen können, sind aus den Vorstellungen über die Wissenschaft kaum mehr wegzudenken. **Kuhns Positionen** und die Konsequenzen daraus waren und **sind umstritten** und nicht unmittelbar auf Sozial- und Geisteswissenschaften zu übertragen, **aber** seine Überlegungen sind **unumgehbar**. In seiner historischen Analyse der Entwicklung der (Natur-)Wissenschaft (vor allem der Physik) befasste sich Thomas Kuhn mit den **sozialen und psychologischen Abläufen**, die eine Annahme oder die Ablehnung einer neuen Theorie begleiten. Diese fasste er unter dem Begriff „Paradigma" zusammen:

Paradigma

> „Darunter verstehe ich allgemein anerkannte wissenschaftliche Leistungen, die für eine gewisse Zeit einer Gemeinschaft von Fachleuten maßgebende Probleme und Lösungen liefert" (Kuhn 1973/1967, S. 10).

Maßgebende Probleme und Lösungen

Zentral an dieser Definition ist der Aspekt, dass durch allgemein anerkannte wissenschaftliche Leistungen für eine gewisse Zeit die „maßgebenden Probleme" und eben nicht nur Lösungen vorgegeben werden. In der Konsequenz heißt das, dass wir, wenn wir **eine bestimmte Perspektive** (Denkschule, Wissenschaftstradition oder ähnliches) vertreten, nicht nur ein **bestimmtes Spektrum an Ideen für Lösungen** haben, sondern auch nur spezifische, nämlich **für diese Lösungen passende, Probleme** sehen können. Es handelt sich um eine Art Modellprobleme und Modelllösungen, die allgemein anerkannt sind, deren erfolgreiche Bearbeitung zu den Errungenschaften des Faches gehören und der sich diejenigen, die Wissenschaft in dieser Fachrichtung betreiben, bedienen (vgl. Bailer-Jones & Friebe 2009, S. 12). Ein Paradigma ist daher **„Träger wissenschaftlicher Theorien"**:

> „In dieser Rolle funktioniert es, indem es dem Wissenschaftler sagt, welche Entitäten es in der Natur gibt und welche nicht, und wie sie sich verhalten. Durch diese Informationen entsteht eine Landkarte, deren Einzelheiten durch reife wissenschaftliche Forschung aufgehellt wird. Und da die Natur viel zu komplex und vielfältig ist, um auf gut Glück erforscht zu werden, ist diese Landkarte genauso wichtig für die kontinuierliche Weiterentwicklung der Wissenschaft wie Beobachtung und Experiment" (Kuhn 1973/1967, S. 121).

Die **Modellprobleme und Modelllösungen** finden deshalb auch oft **Eingang in die Lehrbücher**, so dass Studierende anhand dieser Materialien typische Beispiele für Probleme und typische Lösungen dafür lernen. Über die Einübung der Musterprobleme und Musterlösungen **macht sich** derjenige, der diese Schule durchlaufen hat, einerseits **das zugrunde liegende Paradigma zu Eigen** und **erwirbt sich** andererseits **die Mitgliedschaft** in einer bestimmten *scientific community* (fachwissenschaftliche Gemeinschaft).

Paradigmenwechsel

Durch eine bahnbrechende Neuentdeckung, einer so genannten **wissenschaftlichen Revolution**, kann es vorkommen, dass Paradigmen wechseln, und das ist ein Vorgang, der für die Gemeinschaft der Forschenden keineswegs problemlos zu bewältigen ist. Denn **altes und neues Paradigma schließen einander aus**, geben andere Lösungen für die alten Probleme vor und werfen gleichzeitig völlig neue Probleme auf, die man vorher nicht gesehen hat. Es verhält sich hier ähnlich wie mit dem Wittgensteinschen „Entenhasen" in Abbildung 3 (Kap. 2.2.1): So wenig wir gleichzeitig die Ente und den Hasen in der Zeichnung sehen können, so wenig ist es möglich, gleichzeitig dem alten und dem neuen Paradigma verhaftet zu sein (vgl. Bailer-Jones & Friebe 2009, S. 12ff.).

Beispiel Kopernikanische Revolution

Das wichtigste Beispiel für einen Paradigmenwechsel betraf für Thomas Kuhn die Zeitspanne zwischen 1500 und 1700, in der die wesentlichen Grundlagen für unsere moderne Wissenschaft gelegt wurden. Das **ptolemäische** (oder geozentrische) **Weltbild** und die **aristotelische Naturphilosophie** wurden in der Folge des Wechsels **endgültig abgelehnt**. Dies begann mit der Veröffentlichung von „De revolutionibus orbium coelestium" durch Nikolaus Kopernikus im Jahr 1543, in der er eine **heliozentrische Theorie** von der Bewegung der Planeten skizzierte, die sich auf Kreisbahnen um die Sonne bewegen. Damit war die Sonderstellung der Erde infrage gestellt, da **Kopernikus** die Sonne anstatt die Erde ins Zentrum unseres Planetensystems setzte. Diese Veröffentlichung alleine bewirkte jedoch noch nicht die wissenschaftliche Revolution. Denn Kopernikus konnte die (scheinbaren) physikalischen Widersprüche zu dem ptolemäischen Weltbild nur durch neue Hypothesen entkräften. Zudem war sein Rechenmodell im Grunde nicht genauer als das von Ptolemäus, lieferte aber wegen aktuellerer Ausgangsdaten bessere Ergebnisse. Darüber hinaus waren seine Überlegungen keineswegs konform mit der Bibel und der Geschichtsdeutung der Kirche. Daher bedurfte es **zur Vervollständigung der Revolution** nahezu zweihundert Jahre und **der Arbeiten von vielen anderen**, z.B. Tycho Brahe (1546–1601), Thomas Digges (1546–1595), Giordano Bruno (1548–1600), Galileo Galilei (1564–1642), Johannes Kepler (1571–1630) und schließlich Isaac Newton (1643–1727). Ein wesentlicher Aspekt dieser wissenschaftlichen Revolution ist auch die beginnende **Emanzipation der Wissenschaft von der Kirche** und deren Deutungshoheit.

Beispiel Lord Kelvin und das Alter der Erde

Das Beispiel von der Berechnung des Alters der Erde kann uns zeigen, wie schwer es einzelnen Forschenden fallen kann, einen Paradigmenwechsel infolge einer wissenschaftlichen Revolution mit zu vollziehen. Die Frage nach dem Alter der Erde ist eine Frage, die viele Jahrhunderte die Wissenschaft bewegt hat. Beispielsweise ist uns in der Geschichte der Fossilien mit Nikolaus Steno (Kap. 2.3.3) der **irische Bischoff James Ussher** begegnet, der 1655 den Zeitpunkt für die **Entstehung der Welt** auf den **23. Oktober 4004 v. Chr.** datiert hatte und von einer Gesamtdauer der Erde von etwa sechstausend Jahren ausging. **Steno vermutete** aufgrund seiner Erkenntnis über den Zusammenhang zwischen Fossilienfunden und Ablagerungsschichten der

Erde **eine viel längere Zeitdauer der Erde**, wagte es aber nicht, einen Zeitraum abzuschätzen. Zu der Zeit des britischen Physikers WILLIAM THOMSON (1824–1907, später bekannt als LORD KELVIN) hatte die Wissenschaft ihre Emanzipation von der Kirche weitgehend vollzogen, und es war bereits seit einiger Zeit nicht mehr notwendig, wissenschaftliche Befunde mit der Bibel in Einklang zu bringen. **LORD KELVIN** war in der zweiten Hälfte des 19. Jahrhunderts wohl der **berühmteste Wissenschaftler weltweit**; er ist weitgehend verantwortlich für die Entwicklung des Elektromagnetismus und der Thermodynamik als Forschungsfelder und war maßgeblich an der Durchführung der transatlantischen Telegraphenverbindung zwischen England und Amerika (USA) beteiligt. Neben seinen physikalischen Schwerpunkten beschäftigte er sich auch mit dem Alter der Erde, ein Thema, das zu dieser Zeit in den Bereich der Naturphilosophie gehörte (vgl. BURCHFIELD 1990 [1975], LINDLEY 2004). Er berechnete 1892 das Alter der Erde auf **mindestens zwanzig bis höchstens vierhundert Millionen Jahre** und lag damit weit unter den **Abschätzungen der Geologen**, die zu dieser Zeit bereits von einem Alter der Erde von **Milliarden von Jahren** ausgingen. **Dennoch galten KELVINS Berechnungen**, vor allem aufgrund seiner allgemein anerkannten Größe als Wissenschaftler, **als maßgeblich**, während die Argumente der Geologen als reine Schlussfolgerungen aus Beobachtung ohne mathematische Grundlage abgetan wurden. Der Zeitgeist folgte dem Diktum, das KELVIN selbst einmal so formulierte:

> „When you can measure what you are speaking about and express it in numbers you know something about it; but when you cannot measure it, when you cannot express it in numbers, your knowledge is of a meagre and unsatisfactory kind: it may be the beginning of knowledge, but you have scarcely, in your thoughts, advanced to the stage of *science*" (THOMSON 1891, S. 80 f., hier zitiert nach BURCHFIELD 1998, S. 137).

Revolution: Entdeckung der Radioaktivität

In der Wissenschaftsgeschichte der Geologie wird die Auseinandersetzung zwischen den Geologen und LORD KELVIN üblicherweise als ein David-gegen-Goliath-Kampf kolportiert (vgl. ENGLAND et al. 2007, S. 4). KELVIN nahm an, dass **die Erde** ihre Geschichte **in einem geschmolzenen Zustand begonnen** hatte und seit dieser Zeit **beständig abkühle**. Die Berechnung der Temperaturgradienten führte ihn zu der vergleichsweise kurzen Geschichte der Erde. Die Radioaktivität war noch nicht bekannt, führte aber mit der **Entdeckung der Röntgenstrahlen 1896 durch A. HENRI BECQUEREL** und den Entdeckungen von **PIERRE und MARIE CURIE** über die Wärmeabstrahlung bei radioaktivem Zerfall wenige Jahre nach KELVINS Berechnungen zu der bekannten wissenschaftlichen Revolution, die die Entdeckung der Radioaktivität mit sich brachte. Die **Radioaktivität revolutionierte auch die Berechnungen des Alters der Erde**, KELVIN jedoch hielt Zeit seines Lebens an seiner mechanischen Weltsicht und seiner Abschätzung des Erdalters fest, obwohl er an den Diskussionen über Radioaktivität durchaus beteiligt war. Er verspielte damit seinen hervorragenden Ruf als außerordentlich kreativer und guter Wissenschaftler (vgl. LINDLEY 2004). Seitdem gilt er als tragische Gestalt, an der man zeigen kann, wie wissenschaftlicher Fortschritt voranschreiten kann und dabei die hervorragenden Geister des vorangegangenen Paradigmas hinter sich lässt.

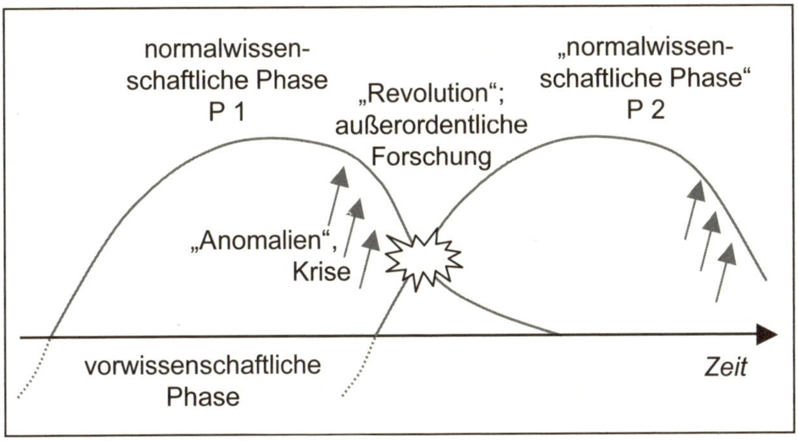

Abb. 11: Idealtypische Abfolge von Paradigmen nach THOMAS S. KUHN (verändert nach WEICHHART 2000, S. 482)

Revolution im Verborgenen

Neuere Arbeiten zu der Wissenschaftsgeschichte dieser Zeit zeichnen jedoch ein anderes Bild, in der die Geologie nicht mehr als der David, der nach langem Kampf erfolgreich über Goliath gesiegt hat, aufscheint (ENGLAND et al. 2007). Der **Geophysiker JOHN PERRY** hatte bereits 1895 eine **Kritik an KELVIN formuliert**, die nicht auf dessen Berechnungen einging, sondern auf KELVINS Grundannahmen. **KELVIN** war von einem **statischen Erdmantel** ausgegangen, in dem aufgrund der Abkühlung der Erde keine Bewegung mehr möglich wäre. **PERRY** dagegen ging von einem **fluiden, zähflüssigen Erdmantel mit konvektiven Strömungen** und einer nur dünnen Erdkruste aus und berechnete so das Alter der Erde auf **zwei bis drei Milliarden Jahre** (und das ebenfalls noch ohne Kenntnis der Radioaktivität). Auf der Grundlage einer genauen Analyse der damaligen Argumentationen zeigen ENGLAND et al., dass die **zeitgenössischen Geologen** so mit dem Kampf gegen den vermeintlich übermächtigen KELVIN beschäftigt waren, dass sie die Ausführungen von PERRY über die Konvektionsströme gar **nicht wahrgenommen** haben (vgl. ebd., S. 9). Die Entdeckung der Radioaktivität hätte PERRYS Grundannahmen der Konvektion sehr zeitnah bestätigt, und die **Erkenntnis der „Kontinentaldrift"** (ein weiterer Paradigmenwechsel) wäre ein halbes Jahrhundert früher in den Geowissenschaften angekommen. So behinderte letztlich die Arbeit am Mythos über einen ewig gestrigen KELVIN den Erkenntnisfortschritt in der Geologie selbst.

Zyklische Abfolge von Paradigmen

Wie die Beispiele zeigen, erfolgt der Übergang von einem Paradigma zum nächsten keineswegs kontinuierlich und gleichmäßig (im Sinne einer kumulativen Annäherung an die Wahrheit), sondern zyklisch mit der **Abfolge von Normalwissenschaft, Krise und Revolution** sowie dem Erreichen einer normalwissenschaftlichen Phase des Folgeparadigmas (vgl. Abb. 11).

Normalwissenschaft als das Lösen von Rätseln

Die Phase der Normalwissenschaft zeichnet sich dadurch aus, dass sie ganz klar **auf bestimmte vorhergehende Leistungen und Erkenntnissen** gründet, die als sehr vielversprechend und fruchtbar erscheinen. In der normalwissenschaftlichen Phase wird daran gearbeitet, dass das **Paradigma**

dieses Versprechen einlöst. Das Paradigma selbst, die Grundlagen der Forschung also, sind *kein* Gegenstand der eigenen Forschung, es wird daher in dieser Phase **keiner kritischen Prüfung unterzogen**. Vielmehr vergleicht KUHN das Forschen in der Phase der Normalwissenschaft mit Rätsellösen (vgl. KUHN 1973/1967, S. 49ff.), da diese Forschung nicht auf unerwartete Neuigkeiten abzielt, sondern die zu lösenden Probleme so wählt, dass man sich der Existenz einer Lösung für das Rätsel sicher sein kann. Das Ergebnis sind **Fallstudien, die die herrschenden Theorien bestätigen**. Bei rätselartiger Forschung können die Forschenden mit der Überzeugung arbeiten, dass sie es nur geschickt genug anstellen müssen, damit sie das Rätsel lösen und es, wenn es gut läuft, noch besser lösen als zuvor. Nach KUHN arbeitet die große Mehrheit der Forschenden in den Naturwissenschaften an solchen Rätseln. In dieser Phase stehen in der Regel **nicht die Theorien auf dem Prüfstein, sondern die Forschenden selbst**, die das Paradigma als anerkanntes Werkzeug erfolgreich umsetzen sollen. Tauchen Anomalien auf, liegt es daher nahe, die Ursache in den Forschenden (z.B. durch ungenaue Anwendung der Methoden oder unzureichende Kenntnis usw.) zu suchen und weniger in den verwendeten Theorien. Zwar tauchen auch in der Phase der Normalwissenschaft in den empirischen Studien immer wieder so genannte Ausreißer auf (Daten, die der Erwartung zuwiderlaufen), die jedoch in der Phase der Datenbereinigung zur Herstellung einer „guten Lösung" normalerweise eliminiert werden.

Anomalien und Krisen der Wissenschaft

Obwohl die **Normalwissenschaft nicht auf die Entdeckungen von Neuem ausgerichtet** ist, kommt es vor, dass neue Phänomene entdeckt und neue Theorien vorgeschlagen werden. Die Entdeckung beginnt in der Regel damit, dass Anomalien festgestellt werden. Konkret heißt das, dass die Natur sich nicht so verhält, wie es das herrschende Paradigma erwarten ließe (vgl. KUHN 1973/1967, S. 65 f.).

Außerordentliche Forschung

Häufen sich die Anomalien, können sie ab einem Zeitpunkt nicht mehr ignoriert werden und es kommt zu einer **Krise der Wissenschaft**. Es beginnt eine rege Forschungstätigkeit um diese Anomalien (so genannte außerordentliche Forschung im Gegensatz zur Normalwissenschaft), die so lange anhält, bis das, was anomal erschien, im Rahmen von neuen Theorie als normal erscheint, weil es nach einem neuen Paradigma das ist, was man erwarten würde (**Paradigmenwechsel**). Entscheidend ist, dass sich durch die Krise der Fokus auf das, was als durch die Wissenschaft zu klärendes Problem anzusehen ist, verändert. Auch wenn das Vokabular oft das Gleiche bleibt, **ändern sich die Begriffe**, die die Worte bezeichnen, **radikal**. In der Konsequenz bedeutet das, dass die Forschenden, die ihre **Suche nach Erkenntnis unter verschiedenen Paradigmen** betreiben, ihre wissenschaftliche Tätigkeit **in unterschiedlichen Welten** ausüben. Denken Sie beispielsweise an den Streit zwischen Neptunisten und Plutonisten (Kap. 2.3.2): Hier gibt es nur ein Entweder-Oder, entweder Neptunist oder Plutonist, eine vermittelnde dritte Position ist nicht denkbar.

Inkommensurabilität

Genau dieser Aspekt ist nach THOMAS KUHN das entscheidende an **unterschiedlichen Paradigmen**: sie sind **inkommensurabel** (nicht ineinander überführbar). Die Inkommensurabilität ist in zweifacher Hinsicht gemeint (vgl. KUHN 1973/1967, S. 122):

- Die beiden konkurrierenden Paradigmen **folgen intern einer unter-**

schiedlichen Logik; sie sind daher nur in sehr begrenztem Maße miteinander zu vergleichen und auf einer rationalen Ebene nicht ineinander überführbar.

- Mit einem Paradigmenwechsel **verschieben sich** in der Regel auch **die Kriterien**, welche die **Zulässigkeit von Problemen und den sich anschließenden Lösungen** bestimmt. Es gibt kein gemeinsames Maß, anhand dessen man entscheiden könnte, welches von zwei konkurrierenden Paradigmen eine höhere Qualität aufweist. Die Argumente im Wettstreit der Paradigmen laufen daher oftmals im Kreis, weil sie für jedes Paradigma zeigen, dass es mehr oder weniger den Kriterien, die es sich selbst vorschreibt, gerecht wird, einigen anderen, die von der gegnerischen Seite kommen, jedoch nicht völlig genügen kann. Dazu kommt, dass **kein Paradigma jemals alle von ihm definierten Probleme selbst löst**, und zwei konkurrierende Paradigmen keineswegs genau dieselben Probleme ungelöst lassen. Daraus folgt letztlich eine (Werte-)Frage: Die Lösung welcher Probleme ist bedeutsamer?

Entscheidungsinstanz scientific community

Für die Betonung der Inkommensurabilität konkurrierender Paradigmen wurde KUHN **massiv kritisiert** und die These wird bis heute **viel diskutiert** (vgl. BAILER-JONES & FRIEBE 2009, S. 54 ff.). Denn wenn es keine guten (also übergeordneten und rationalen) Kriterien für die Wahl einer Theorie gibt, ist letztlich der **Fortschritt der Wissenschaft nicht festzustellen**, da die Frage nach dem besseren Paradigma offen bleiben muss. KUHNS Antwort auf die Frage nach der Wahl von Theorien lautet daher auch reichlich desillusionierend: Es liegt in der Autorität der Wissenschaft selbst, darüber zu entscheiden, welches Paradigma das bessere ist. Und damit ist es letztlich eine **soziale oder demokratische Abstimmung** innerhalb der *scientific community*, basierend auf persönlichen und subjektiven Gründen, **die zur Durchsetzung von Theorien führt** (KUHN 1973/1967, S. 209 ff). Das ist ein sehr relativistisches, und keineswegs ein absolutes Maß der Überlegenheit. So stellt sich hier erneut die **Frage nach der Glaubwürdigkeit der Wissenschaft** bei der Wissensproduktion.

3.1.2 Harter Kern und Schutzgürtel: Forschungsprogramme nach IMRE LAKATOS

Reaktion auf THOMAS KUHN

Dem ungarischen Mathematiker, Physiker und Wissenschaftsphilosophen IMRE LAKATOS (1922–1974) war KUHNS Begründung für die Wahl von Theorien eindeutig zu wenig. Als Schüler von KARL POPPER war LAKATOS Anhänger des Kritischen Rationalismus und er verfolgte die Kontroverse über den Falsifikationismus, die POPPER mit KUHN austrug, um schließlich mit seinen Forschungsprogrammen direkt daran anzuknüpfen. Während **POPPER** davon ausging, dass **Theorien bereits allein an der Erfahrung scheitern** und verworfen werden können, vertrat **KUHN** hingegen die Ansicht, dass **jede Erfahrung theorieabhängig ist** und sich insofern **Erfahrungen auch irren können**. Deshalb können bislang vertretene Theorien nur zugunsten alternativer Theorien aufgegeben werden und nicht allein aufgrund einer der Theorie zuwiderlaufenden Erfahrung (vgl. BAILER-JONES & FRIEBE 2009, S. 58 ff.). Damit entsteht jedoch das oben bereits angesprochene Problem der rationalen Begründung für die Theoriewahl. Genau dieser Frage hat sich **Imre Lakatos** mit seinem **Vermittlungsversuch zwischen den beiden Ansätzen** angenommen und nach einer Lösung gesucht.

Wettstreit von Forschungsprogrammen

Lakatos versteht die Wissenschaft als einen Wettstreit von Forschungsprogrammen und bezieht damit die Kuhnsche These ein, dass **Theorien** nicht allein durch die Erfahrung, sondern vor allem **durch andere Theorien kritisiert und abgelöst** werden können. Nach Lakatos werden Theorien nie isoliert voneinander, sondern vielmehr als **Teil größerer Theoriensysteme und Methodenregeln** beurteilt, die er unter dem Begriff „Forschungsprogramme" zusammenfasst (vgl. Lakatos 1974 und 1982). Sein Begriff des Forschungsprogramms ist mit dem Paradigmen-Begriff von Thomas Kuhn in vielerlei Hinsicht vergleichbar. Im Gegensatz zu Kuhn ist Lakatos jedoch der Auffassung, dass **verschiedene Forschungsprogramme rational miteinander verglichen und diskutiert werden können**. Insofern kann die Wissenschaft auch Fortschritte machen und sich basierend auf Vernunft entwickeln. Der **Fortschritt der Wissenschaft** besteht nicht in einer kontinuierlichen Annäherung an die Wahrheit, sondern in einer **Reihe von Problemverschiebungen**, die uns beständig auf eine höhere Stufe gelangen lassen.

Kritik am Falsifikationismus

Lakatos teilt die Kuhnsche Kritik am Popperschen Begriff des **Falsifikationismus**, versucht jedoch, anstatt ihn zu verwerfen, ihn **weiterzuentwickeln**, um eine **Verbindung zwischen Kritischem Rationalismus und der Analyse Kuhns** zu ermöglichen. Seine Kritik am Falsifikationismus betrifft verschiedene Aspekte (Lakatos 1974):

- Es gibt keine reinen Daten, die nur aus Beobachtung bestehen. **Jede Aussage enthält bereits theoretische Annahmen** und insofern ist jedwede Beobachtung nur möglich, weil ihr eine Theorie zugrunde liegt.
- Stimmt eine Theorie mit empirischen Befunden nicht überein, ist das noch **kein ausreichender Grund, die Theorie zu verwerfen**. Vielmehr bestehen stets mehrere Möglichkeiten für Aussagen, die nicht in Einklang miteinander stehen: (1) Die Theorie trifft nicht zu; (2) die Daten sind fehlerhaft; (3) die *ceteris-paribus*-Klausel ist verletzt (dt. = unter sonst gleichen Bedingungen; Grundregel für Laborexperimente); (4) irgendwelche weiteren Möglichkeiten, warum Theorie und Datenbefund nicht zueinander passen. Es ist daher keineswegs offensichtlich, warum ausgerechnet die Theorie fallen gelassen werden muss, wenn die Gesamtheit aller zu betrachtenden Aussagen inkonsistent ist.
- Aus rein **wissenschaftspraktischen Gründen** ist der Falsifikationismus abzulehnen. In seinem Versuch, den konkret-praktischen Verlauf wissenschaftlicher Theorienentstehung logisch-rational nachzuzeichnen, stellt Lakatos fest, dass die praktische Wissenschaft **keineswegs den Regeln des Kritischen Rationalismus folgt**. Auf der Ebene der Tatsachenfindung und Tatsachenbewertung konkurrieren nicht Beobachtungsdaten miteinander, sondern vielmehr verschiedene Theorien.

Progressive oder degenerative Problemverschiebung

Aus diesen Überlegungen heraus erhebt Imre Lakatos eine **grundlegende Forderung an eine neue Theorie**: Sie muss im Vergleich zu der alten Theorie einen **epistemologischen und empirischen Gehaltsüberschuss** aufweisen. Den Prozess des Fortschritts der Wissenschaft über Veränderungen von Theorien nennt er „progressive Problemverschiebung", während er den Beleg des Überholtseins einer Theorie als „degnerative Problemverschiebung" kennzeichnet (vgl. LAKATOS 1982, S. 33).

Positive und negative Heuristik als methodologische Regeln

Wissenschaftliche Theorien entstehen nicht losgelöst von einem Kontext, vielmehr sind sie immer **Teil einer Entwicklungslinie**. Theorien sind daher in gewisser Weise durch eine Kontinuität charakterisiert, die die einzelnen Glieder einer Entwicklungslinie miteinander verbindet. **Voraussetzung** für die Entwicklung einer Kontinuität **ist das Forschungsprogramm**, das am Anfang skizziert wird (in der Sprache KUHNS entspricht das einem Paradigma). Das Forschungsprogramm besteht aus methodologischen Regeln, von denen einige die **Forschungswege** beschreiben, **die man vermeiden** (negative Heuristik), während andere die Wege angeben, **denen man folgen soll** (positive Heuristik, vgl. ebd., S. 46ff.). Die Heuristik ist als **konkrete Handlungsleitung** zu verstehen, die das Verhalten der Forschenden im Forschungsprozess strukturiert. Im Fall der positiven Heuristik kann man sich das mit der Anleitung für die Lösung eines Kreuzworträtsels verdeutlichen: „Beginne mit Anhaltspunkten, die Antworten mit kurzen Wörtern verlangen und mache weiter mit solchen, die lange Wörter benötigen" (CHALMERS 2001, S. 109). Die Ausbildung in den Methoden und Regeln einer Disziplin entspricht demnach dem Erlernen der positiven Heuristik eines Faches.

Harter Kern von Forschungsprogrammen

Wie oben bereits skizziert, liegt für LAKATOS eine der **Hauptkritikpunkte** an der Falsifikation in der **Beliebigkeit, welcher Teil einer Theorie von der Falsifikation betroffen ist**. Bleibt es den Forschenden überlassen, festzulegen, welchem Teilbereich einer Theorie die Schuld für das Nichtzutreffen auf die empirischen Befunde zuzuschreiben ist, dann ist unklar, wie es möglich sein soll, dass sich ausgereifte wissenschaftliche Disziplinen so koordiniert weiterentwickeln konnten, wie dies die Wissenschaftsgeschichte offensichtlich zeigt. Nach LAKATOS sind daher **nicht alle Bereiche und Aspekte einer wissenschaftlichen Disziplin gleichwertig**; vielmehr sind manche Gesetze und Prinzipien zentraler als andere. Offenbar sind einige Prinzipien so fundamental, dass sie einem **„konstituierenden" Merkmal** gleichkommen, die durch kein Versagen in der Empirie in Frage gestellt werden können. LAKATOS bezeichnet diese fundamentalen Prinzipien als den **„harten Kern" der Forschungsprogramme**, der unangreifbar und auch nicht zu modifizieren ist. Er ist äquivalent zu dem Begriff des Paradigmas in der normalwissenschaftlichen Phase bei THOMAS KUHN zu verstehen. Der harte Kern besteht aus einigen sehr allgemeinen Hypothesen, die die Grundlage des Forschungsprogramms bilden und durch die „negative Heuristik" geschützt sind, indem diese verbietet, den harten Kern selbst auf den Prüfstein der Forschung zu stellen.

Schutzgürtel der Forschungsprogramme

Vielmehr muss, entsprechend der „positiven Heuristik", aller Scharfsinn eingesetzt werden, um **Hilfshypothesen und Zusatzannahmen** zu formulieren, „ja selbst zu erfinden, die dann einen Schutzgürtel um den Kern bilden" (vgl. LAKATOS 1982, S. 47), ihn untermauern und definitive Aussagen und Voraussagen ermöglichen. Diese ergänzenden Hypothesen und Zusatzannahmen bestehen nicht nur aus expliziten Annahmen und Gesetzen, **die den harten Kern ergänzen**, sondern auch aus Annahmen, die **die**

Anfangsbedingungen beschreiben sowie die **Bedingungen von Beobachtungsaussagen und Experimenten festlegen**. Unstimmigkeiten zwischen einem formulierten Forschungsprogramm und einer Beobachtung werden üblicherweise den Zusatzannahmen zugeschrieben und nicht dem harten Kern. Versagen können also nur weniger fundamentale Theorien. Die Forschung folgt der Annahme „Wir wissen noch nicht genug" anstelle der Überlegung „Vielleicht gehen wir von den falschen Grundannahmen aus". **Auftretende Probleme**, z. B. durch das Auftauchen von Anomalien, werden gelöst, indem eher **randliche Theorien und Gesetze modifiziert** werden. Um die Rolle der Zusatzannahmen zu betonen, nennt LAKATOS sie den Schutzgürtel, der um den harten Kern der Grundüberzeugungen gelegt wird. **Der harte Kern bleibt** von methodologischen Entscheidungen **unberührt**, während die Annahmen im Schutzgürtel modifiziert werden, um eine Übereinstimmung zwischen den Vorhersagen eines Programms und den Ergebnissen von Beobachtung und Experiment herzustellen.

Vernunft versus Relativismus

Wie wir feststellen können, weisen die Sichtweisen von THOMAS KUHN und IMRE LAKATOS viele Ähnlichkeiten auf. Ein wesentlicher Unterschied zwischen den beiden Ansätzen besteht darin, dass LAKATOS den **Relativismus** ablehnt, den KUHN bei der Entscheidung für oder gegen Theorien unterstellt, indem er betont, dass es vor allem **soziale oder persönliche Gründe** sind, die zu der Annahme oder Ablehnung einer Theorie führen. In der **Wissenschaftsgeschichte** finden sich jedoch **viele Beispiele, die KUHNS Ansicht stützen**.

Beispiel Längengrad-Problem bei Schiffsreisen

Den mitunter harten Kampf einer wissenschaftlichen Methode um ihre Anerkennung zeigt die Geschichte von **JOHN HARRISON** (1693–1776), dem es gelang, das Längengrad-Problem mit der **Entwicklung einer schiffstauglichen Uhr** mit sehr hoher Ganggenauigkeit zu lösen. Die genaue Positionsbestimmung des Längengrads war seit Beginn der Schifffahrt über das offene Meer ein gravierendes Problem. Die Feststellung der Position auf einem Breitengrad ist ein vergleichsweise einfaches Unterfangen; erfahrene Seeleute können die **Breitengrad-Position** mittels einer Kombination aus Tageszeit und Sonnenstand oder durch die Ermittlung der Höhe bekannter Sterne am Horizont mit hinreichender Genauigkeit feststellen. Um an Bord eines Schiffes die **geographische Länge** zu ermitteln, muss man dagegen die **wahre Ortszeit an Bord des Schiffes** ermitteln und gleichzeitig die **Uhrzeit an einem Referenz-Ort** (z. B. Null-Meridian oder Heimathafen) kennen. Der Zeitunterschied lässt sich dann in einen **geographischen Abstand** übersetzen. Ohne eine Möglichkeit, die Uhrzeit eines Referenz-Ortes festzustellen, ist die Bestimmung des Längengrades schlichtweg unmöglich. Dies stellte **für vier Jahrhunderte das gravierendste Problem der Schifffahrt** dar und führte bei allen europäischen Schiffsnationen zu dem Tod unzähliger Seeleute und dem Verlust wertvoller Fracht durch fehlerhafte Positionsbestimmung. Nach einem dramatischen Vorfall im Jahr 1704, bei dem an den Scilly-Inseln vor England vier englische Kriegsschiffe sanken und dabei etwa zweitausend Männer starben, richtete **1714 das britische Parlament** die so genannte **„Längengradkommission"** ein und lobte für die Lösung des Längengradproblems **ein Preisgeld** von 20.000 Pfund Sterling aus (dies entspricht heute in etwa dem Wert von drei Millionen Pfund). Bei der Suche nach einer Lösung waren alle namhaften Astronomen und Mathematiker der damaligen Zeit beteiligt, z.B. auch GALILEO GALILEI, ISAAC NEWTON, EDMOND HALLEY oder JOHANN ALBRECHT EULER, denn **in Ermangelung einer schiffstauglichen Uhrentechnik** setzte man für die Berechnung der benötigten Zeitangaben vor allem auf **genaueste astronomische Beobachtungen**. Um 1750 lagen nach den langen Jahrhunderten des Suchens plötzlich **zwei mögliche Methoden zur Zeitbestimmung** vor (vgl. SOBEL 1998, S. 130ff.):

1. Eine – noch nicht ganz ausgereifte – Methode zur **Messung der Monddistanzen**. Dazu musste der Navigator die **Höhen verschiedener Himmelskörper** und den **Winkelabstand** zwischen ihnen messen. Dabei war zu berücksichtigen, dass die **Brechung des Lichts** am Horizont die Gestirne dort in scheinbar größerer Höhe stehen ließ, als es in Wirklichkeit der Fall war. Hinzu kamen noch **Probleme der Mondparalaxe** – die entsprechenden astronomischen Tabellen lieferten nur Angaben, die sich auf einen (hypothetischen) Beobachter im Erdmittelpunkt und nicht auf Meeresspiegelhöhe bezogen. Die korrekte Handhabung der mathematischen Methoden und die genaue Messung an Bord eines schwankenden Schiffes bedurfte daher Männer mit besonderen Fähigkeiten.
2. Eine **schiffstaugliche Uhr mit großer Ganggenauigkeit**, entwickelt von dem Tischler JOHN HARRISON. Bis zu HARRISONS Entwicklung galt eine Uhr, die auch unter den harten Bedingungen auf einem Schiff (starke Stöße und permanente Bewegung, dazu große Schwankungen in Temperatur und Feuchtigkeit z.B. bei Fahrten in die Tropen oder in polare Gebiete) ihre Ganggenauigkeit behält, als nicht möglich.

Strukturelle Hindernisse

Ich unterstelle, dass wir uns im Hinblick auf die Praktikabilität der Methoden schnell einig wären, welche wir vorziehen würden: Lösung 2. Nicht so in der zweiten Hälfte des 18. Jahrhunderts, als die **sozialen und psychologischen Bedingungen der Wissenschaft** es letztlich unmöglich machten, dass sich die praktikablere Methode der schiffstauglichen Uhr unmittelbar durchsetzen konnte. **Astronomen und Mathematiker** hatten seit Jahrzehnten weltweit intensiv an einer **astronomischen Lösung** des Längengrad-Problems gearbeitet, darunter **sehr namhafte Personen**. JOHN HARRISON dagegen war kein Wissenschaftler, ja noch nicht einmal ein gelernter Uhrmacher, sondern Tischler, und nun legte er der Welt eine kleine tickende Kiste vor, die das Problem lösen sollte. Das war unmöglich zu akzeptieren. Die **komplizierten Abläufe**, die die Messung der Monddistanzen voraussetzen, zeigten in ihrer Umsetzung, dass es sich um ein **komplexes Problem** handelte, für dessen Lösung man **hart arbeiten** musste. HARRISONS Uhr dagegen machte die **Komplexität des Längengrad-Problems unsichtbar**, indem er sie in ein Gehäuse packte und der gesuchte Wert einfach auf einem Ziffernblatt abzulesen war. Vor diesem Hintergrund dauerte es noch ca. vierzig Jahre, bevor sich die Uhrtechnik von JOHN HARRISON durchsetzte und der Lohn für diese Entwicklung ihm zugeschrieben wurde.

3.1.3 Herrscher und Beherrschte: Wem dient die Wissenschaft?

Wissenschaft als Selbstzweck oder als gesellschaftliche Aufgabe?

Eine Frage, die wir bislang bei der Auseinandersetzung mit Wissenschaft und der Frage nach den Möglichkeiten des Erkennens von Wirklichkeit völlig ausgeblendet haben, lautet: **Wozu überhaupt Wissenschaft?** Folgt sie einem **Selbstzweck** (z.B. prinzipiell mehr Wissen anzuhäufen), der in einem um sich selbst kreisenden Zirkel der Gemeinschaft der Forschenden betrieben wird und der von keinen äußeren Erwartungen, Anforderungen oder Zwängen beeinträchtigt werden sollte? Oder erfüllt die Wissenschaft eine bestimmte **Aufgabe innerhalb der Gesellschaft, die** sich im Gegenzug die Wissenschaft leistet, indem sie die Arbeit der Forschenden über Steuergelder und Forschungsförderung finanziert, und somit auch **Anforderungen an die Wissenschaft richten kann**? Für beide Sichtweisen gibt es einige Argumente; wir wollen im weiteren Verlauf das Augenmerk vor allem auf die Prozesse und Konsequenzen richten, die sich ergeben, wenn man der zweiten Position zustimmt und Wissenschaft als einen Teil der Gesellschaft versteht, der eine spezifische Funktion übernimmt und bestimmte Aufgaben zu erfüllen hat (sie ist derzeit die weitaus gängigere Position – an die sich zudem normative Forderungen anschließen lassen – und auch diejenige, an der sich die sozialen und psychologischen Bedingungen für die Forschenden noch einmal verschärfen).

Funktion der Wissenschaft

Wenn die Wissenschaft ein Teil der Gesellschaft ist, welche Aufgaben hat sie dann zu erfüllen und wer kontrolliert sie? Die Funktion der Wissenschaft ist es, so lehrt uns die Soziologie, **spezifisches Wissen für die Gesellschaft bereitzustellen**, um damit die **Verhältnisse** für die in dieser Gesellschaft lebenden Menschen **zu verbessern**. Die Aufgabenstellung ist damit einerseits klar umrissen – Wissen bereitzustellen, mit dem die Verhältnisse der Menschen verbessert werden können –, und andererseits **bleibt die Zielsetzung recht schwammig**. Denn welches Wissen trägt für die Verbesserung welcher Verhältnisse (und für wen) eigentlich bei, und welches Wissen schadet möglicherweise den Menschen und führt zur einer Verschlechterung ihrer Verhältnisse? Eine Frage, die weder allgemein noch für einen Einzelfall einfach oder gar eindeutig zu beantworten wäre.

Wissenschaft und Forschung sind frei

Den **Aspekt der Kontrolle der Wissenschaft** regelt in unserem Falle das Grundgesetz der Bundesrepublik Deutschland (in nahezu allen anderen Staaten finden sich vergleichbare Regelungen). In **Artikel 5, Absatz 3 GG** steht: „Kunst und Wissenschaft, Forschung und Lehre sind frei." Damit wurde ein mächtiges Schwert geschaffen, das die **Rechte der Wissenschaft verteidigt**; und das ist gesellschaftlich-politisch – auf den ersten Blick – sicherlich auch tatsächlich so gewollt. Denn die „Objektivität" von wissenschaftlichen Expertinnen und Experten soll nicht durch irgendeine Einflussnahme beeinträchtigt werden. Auf den zweiten Blick aber tauchen **ganz neue Fragen** auf. Zum einen hatten wir in Kapitel 2 bereits gesehen, dass die Sache mit der Objektivität und der Suche nach „wahren Aussagen" nicht so einfach ist, wie sie erscheint. Zum anderen stellt sich die **Frage nach dem Verhältnis von Gesellschaft und Wissenschaft zueinander**. Wenn die Forschung prinzipiell frei ist, spielt es keine Rolle, ob das, was einzelne Forschende untersuchen, einen unmittelbaren Gewinn für die Gesellschaft darstellt (in dem oben genannten Sinne, dass das spezifische Wissen der Gesellschaft dazu dienen soll, die Bedingungen und Verhältnisse der in dieser Gesellschaft lebenden Menschen zu verbessern). Dem ist auch nicht wirklich etwas entgegenzuhalten, denn die Geschichte lehrt uns, dass zahlreiche Befunde, die zunächst als sinnlose Nebenprodukte einer ganz anderen Fragestellung verstanden wurden, sich im Nachhinein als ein Segen für die Menschen herausgestellt haben (man denke bspw. an die Entdeckung des Penicillins, Kap. 2.3.3).

Kontrolle der Wissenschaft über Forschungsfinanzierung

Trotz der unübersehbaren Erfolgsgeschichte der Freiheit von Wissenschaft mehren sich in den letzten Jahren die **Rufe nach einer „unmittelbaren Verwertbarkeit"** und einem „direkten Anwendungsbezug" der Forschung. Und hier kommt die Frage nach der Kontrolle wieder ins Spiel. Denn auch die Wissenschaft ist nicht frei von den **alltäglichen Nöten der Finanzierung**, da Forschung Geld kostet. In den Geistes- und Sozialwissenschaften bedarf es für gute Forschung oftmals „nur" der Gehälter für die Forschenden selbst, während in den eher technisch orientierten Natur- und Ingenieurwissenschaften teilweise aufwendige Apparate für die Forschung benötigt werden. Unter diesen Bedingungen stellt sich die Frage nach der Objektivität und Einflussnahme von Wissenschaft noch einmal neu. Denn wenn es **Geldgeber** bedarf, bei denen man für Forschung **Anträge zur Finanzierung** stellt, dann ergeben sich fast zwangsläufig **Interessenkonflikte** zwischen den Forschungsinteressen der Wissenschaft und den Forschungsinteressen der Geldgeber. Vor diesem Hintergrund kommt die Wissenschaftsphilosophin Isabelle Stengers zu dem nüchternen Schluss,

> „dass die Voraussetzung für die Schlüssigkeit eines Expertenwissens darin [besteht], dass keine anderen Experten hinzugezogen werden. Ein solcher Experte ist demnach automatisch parteiisch – und das ist durchaus als Vorwurf gemeint" (Stengers 1998, S. 31).

Parteilichkeit

Die Parteilichkeit der Expertinnen und Experten ist dabei in vielen Fällen keine „böswillige" Parteinahme für mögliche wissenschaftsexterne Geldgeber (dazu zählen bspw. Regierungen, Parteien, Wirtschaftsunternehmen oder deren Stiftungen, Versicherungen, Nichtregierungsorganisationen usw.), sondern eine **Auswirkung der sozialen und psychologischen Rahmenbedingungen**, unter denen Wissenschaft betrieben wird.

Beispiel Drogenpolitik

Darüber hinaus ist „Parteilichkeit" ein Ausdruck der Unsicherheit des Wissens über die Phänomene, zu denen Forschende um eine Expertise gebeten werden. Isabelle Stengers führt als Beispiel die Drogenpolitik an. Auf die Frage „Was ist eine Droge?", die den Ausgang für jede Drogenpolitik bildet, geben Expertinnen und Experten aus der Toxikologie, der Medizin, der Statistik oder der Psychologie **ganz unterschiedliche Antworten** (die sich zudem **auch innerhalb der einzelnen Wissenschaftsdisziplinen** durchaus widersprechen können). Zu welchem Ergebnis eine Drogenpolitik aufgrund welcher Expertisen kommt, ist also hochgradig kontingent (vgl. Stengers 1998, S. 29ff.). Das betrifft nicht nur solche Fragen, die so offensichtlich auf einer gesellschaftlichen Ebene angesiedelt sind, sondern auch so „handfeste" Probleme wie den Bau eines Staudamms, die Entwicklung eines Teilchenbeschleunigers oder die Frage, ab wann es eindeutig ist, ob (oder dass) der Mensch das Klima nachhaltig beeinflusst. Bei allen wissenschaftlich behandelten Themen lässt sich feststellen: Die **Produktion wissenschaftlicher Erkenntnis** findet immer **innerhalb eines sozialen Kontextes** statt, der mit den Zielsetzungen und Motiven vieler Beteiligter in Zusammenhang steht.

Entsprechend dieser **Interessenvielfalt**, die mit Wissenschaft und wissenschaftlicher Erkenntnis verknüpft ist, lässt sich das Verhältnis von Wissenschaft und Gesellschaft auch in unterschiedlicher Hinsicht verstehen.

Wissenschaft als Ressource für gesellschaftliche Entscheidungen

Die Funktion der Wissenschaft, für die Gesellschaft spezifisches Wissen bereitzustellen, kann einerseits als Ressource verstanden werden, die **wesentliche Neuerungen liefert** wie Pflanzenlinien mit sehr hohen Erträgen bei gleichzeitiger Parasitenresistenz oder Techniken, die das Alltagsleben erleichtern. **Schwierig** daran kann im Einzelfall sein, **dass die Befunde**, die sich unter den vereinfachten und kontrollierten Bedingungen eines Labors als „bewiesen" gezeigt haben, auch **auf Situationen übertragen** werden, wie sie **außerhalb des Labors** herrschen. Das Labor oder auch eine Modellierung, z.B. in einem GIS (Geographischen Informationssystem), gilt nach wie vor als der „wissenschaftliche" – und damit vernünftige Maßstab für die Beantwortung zentraler Fragen. Sowohl **in einem Labor** als auch **bei einer Modellierung** ist es nicht besonders schwierig, **„objektiv"** zu sein (vgl. Stengers 1998, S. 22ff. und S. 37). Sämtliche sich im Labor befindlichen Geräte und Instrumente wurden dazu entwickelt, dass jede Messung **nur eine Interpretationsmöglichkeit** zulässt; erst dann gilt ein Instrument als „zuverlässig". Ebenso dürfen die Parameter, die in eine Modellierung einfließen, nicht vieldeutig sein, sondern müssen **eindeutige Werte** beinhalten. Auf diese Weise weiß man, was man misst und was man modelliert. In der Welt **außerhalb des Labors und außerhalb der Modellierung** gelten jedoch **andere Bedingungen**; hinzu kommen soziale, wirtschaftliche und politische Unsicherheiten, die weder im Labor noch in einer Modellierung Berücksichtigung finden. So ist es nicht weiter verwunderlich, wenn beispielsweise die im Labor entwickelte Pflanzenlinie zu höheren Erträgen führt, dies aber gleichzeitig die soziale Ungleichheit unter Bauern in den so genannten Ländern des Südens eher manifestiert, anstatt dazu beizutragen, sie zu lindern, indem alle zu einem höheren Wohlstand kommen. Wenn die im Labor entwickelten Pflanzen einen bestimmten Dünger und eine bestimmte Bewässerungsform benötigen, werden sich das nur Großgrundbesitzer leisten können, während sich die kleineren Bauern noch stärker verschulden und in der Folge vielleicht ihren Boden verkaufen müssen. Die Wissenschaft dient in diesem Fall zwar als Ressource, zu einer **Verbesserung der Verhältnisse der Menschen** trägt sie jedoch nur **sehr selektiv** (für die Großgrundbesitzer) bei.

Wissenschaft als Alibi für gesellschaftliche Entscheidungen

Die Funktion der Wissenschaft, für die Gesellschaft spezifisches Wissen bereitzustellen, erfüllt andererseits oftmals eine Alibi-Funktion für gesellschaftliche Entscheidungen. **In der Politik** beispielsweise werden wissenschaftliche Befunde („im Namen der Wissenschaft") entweder **zur Begründung für eine Entscheidung** herangezogen, oder es wird darauf bestanden, dass eine Entscheidung erst getroffen werden kann, wenn ein **bestimmter Zusammenhang „wissenschaftlich bewiesen"** ist. Letzteres betrifft vor allem besorgniserregende wissenschaftliche Prognosen wie beispielsweise die Überfischung der Meere oder den globalen Wandel.

Die Macht des Beweises

Diejenigen, die solchen Aussagen erhöhte Aufmerksamkeit schenken sollten, da sie die Macht hätten, mit den (politischen) Entscheidungen diese Entwicklung zu beeinflussen, **verzögern oftmals diese Entscheidung**, indem sie **Beweise** verlangen, **die schlichtweg nicht zu erbringen** sind. Der Beweis, dass bestimmte Fangquoten zu hoch waren, ist eben erst dann erbracht, wenn die Fischpopulationen verschwunden sind; ebenso liegt der Beweis für einen anthropogen induzierten globalen Wandel erst dann vor, wenn bestimmte Entwicklungen unumkehrbar geworden sind. Die beteiligten Wissenschaftlerinnen und Wissenschaftler sind in solchen Fällen in einer **Zwickmühle**, denn in beiden Fällen sind sie **massiven Vorwürfen** ausgesetzt, entweder als **Schwarzmaler** oder als **zu vorsichtig in ihren Prognosen** (vgl. STENGERS 1998, S. 36ff.).

Zusammenfassend lässt sich feststellen: An dem Verhältnis zwischen Wissenschaft und Gesellschaft sind eine **Vielzahl von Kräften und Mächten** beteiligt, die keineswegs so leicht zu entflechten sind. **Den einzelnen Forschenden** kommt dabei eine **aktive Rolle** zu, denn auch ihre Forschungsinteressen sind nicht allein vom Gegenstand ihrer Forschung her initiiert und damit hehr und rein. Sie sind in diesem Sinne **zugleich Herrscher** (über ihre Forschung, die per Grundgesetzt frei ist) **und Beherrschte** (über die Interessen der Geldgeber und Forschungsförderer). Die Produktion wissenschaftlicher Erkenntnis findet immer **innerhalb eines sozialen Kontextes** statt, **der mit anderen Zielen in Zusammenhang steht**. Diese anderen Ziele können die persönlichen und professionellen Ziele der Forschenden, ökonomische Interessen von Sponsoren, aber auch ideologische Interessen von unterschiedlichsten religiösen und politischen Gruppierungen oder vieles andere sein.

3.1.4 Ethik und Moral als Grundlagen geographischer Wissenschaft

Außer durch Paradigmen, Forschungsprogramme und Geldgeber findet die Praxis der Wissenschaft noch unter den prägenden Strukturen von **Ethik und Moral** statt – ob nun **bewusst oder unbewusst**. Die Ethik ist neben der Ontologie und Epistemologie der dritte große Aspekt, mit dem sich die Wissenschaftstheorie auseinandersetzt:

- Die **Ontologie** (Seinslehre) fragt nach den fundamentalen Strukturen der Realität.
- Die **Epistemologie** (Erkenntnistheorie) fragt, wie wir davon wissen können.
- Die **Ethik** (Moraltheorie) fragt danach, wie wir handeln sollen.

Wissenschaft und Moral?

Auf die zahlreichen Grundprobleme ethischer und moralischer Begründungen kann hier nicht eingegangen werden. Vielmehr richtet sich der Fokus dieses Kapitels auf die Aspekte, die mit einer Vermischung von Moral und Wissenschaft einhergehen. Gerade in dem Bereich der **Mensch-Umwelt-Forschung**, zu der auch die Geographie in weiten Teilen zählt (siehe Kap. 3.2.4), ist eine **normative Orientierung als Grundlage der wissenschaftlichen Arbeit** weit verbreitet. Normen und Werte geben vor, wie etwas sein soll (oder nicht sein soll oder sein darf). Die **Ethik** liefert – entgegen einer weit verbreiteten Annahme – kein eindeutiges Orientierungswissen, sondern **dient als Richtschnur**, indem sie den Rahmen für die Frage „Wie soll ich handeln?" absteckt. Wie selbstverständlich gelten für geographische Forschung und Lehre ethische Grundsätze (vgl. VALENTINE 2005), die jedoch **alles andere als eindeutig** oder gar festgeschrieben sind. Ganz grundsätzlich stellt sich die Frage, ob eine normative Orientierung die Grundlage für wissenschaftliche Praxis sein kann (oder sein soll) oder ob die Wissenschaft vielmehr ihre **Forschung** im Hinblick auf „objektive Erkenntnis" **amoralisch** (frei von moralischen Werten und ethischen Normen und damit auch frei von „erkenntnisleitenden Gefühlen", MEYER-ABICH 2003) **betreiben sollte**.

Wertfreiheitspostulat

Seit der **Soziologe MAX WEBER** Anfang des 20. Jahrhunderts das Postulat der Wertfreiheit (zunächst für Sozialwissenschaften und Ökonomie) aufgestellt hat (vgl. WEBER 1988/1922), ist es eines der **am intensivsten diskutierten methodologischen Probleme**, das bis heute emotional aufgeladene Diskussionen auslöst. Das Wertfreiheitspostulat lautet (vgl. OPP 2005, S. 225): Wissenschaftlerinnen und Wissenschaftler sollen deutlich machen, **welche ihrer Aussagen Wertungen und welche Aussagen Sachaussagen** sind. Das klingt auf den ersten Blick recht einleuchtend, ist aber in der Praxis nicht so einfach auseinanderzuhalten. Nehmen wir folgenden (erfundenen) Text als Beispiel:

> „Da die Verwendung von Lebensmitteln (z.B. Raps oder Soja) zur Herstellung von Treibstoffen moralisch zu verwerfen ist, steht es außer Frage, ob weitere Flächen für deren Anbau von der EU mit Subventionen gefördert werden sollen – die Forschung hat im Übrigen nachgewiesen, dass die Schadstoffbilanz dieser so genannten Biotreibstoffe keineswegs besser abschneidet als die fossiler Energieträger. Es ist daher auch strikt abzulehnen, solche Forschungen mit Steuergeldern zu fördern, da dadurch andere Forschende angeregt werden, Projekte zu beantragen, die eigentlich nicht gefördert werden sollen."

Werturteile sind persönliche Stellungnahmen

Welche Aussagen in diesem Text sind nun Sachaussagen und welche Werturteile? **Sachaussagen sind**: Der Nebensatz „die Forschung hat im Übrigen nachgewiesen, dass die Schadstoffbilanz dieser so genannten Biotreibstoffe keineswegs besser abschneidet als die fossiler Energieträger" sowie die Aussage, dass „dadurch andere Forschende angeregt werden, Projekte zu beantragen, die eigentlich nicht gefördert werden sollen". Denn **beide Aussagen lassen sich überprüfen** und könnten sich als **„richtig" oder „falsch"** erweisen. Alles andere sind Werturteile, auch wenn gleich die erste sich als Sachaussage tarnt („... moralisch zu verwerfen ist ..."), indem der Sprecher so tut, als wäre diese Aussage allgemeingültig oder ein Ergebnis wissenschaftlicher Forschung. **Wertaussagen sind** jedoch **immer persönliche Stellungnahmen**. Das **Einschmuggeln** politischer Ansichten oder materieller Interessen in wissenschaftlichen Expertisen **kommt sehr häufig vor** (vgl. PIELKE JR. 2007), **ruiniert** jedoch letztlich **die ratgebende Funktion** von Wissenschaft. Allerdings ist es auch nicht sinnvoll, wenn sich Forschende vollständig aus der Politik heraushalten, denn die Frage, **welche Handlungsoptionen** sich aus bestimmten Befunden ergeben, lässt sich oft genug nur mithilfe von

Wissenschaft klären. In der Regel werden die alternativen Handlungsoptionen unterschiedlichen Wertesystemen gerecht. Die **Aufgabe der Forschenden** ist es im Idealfall, das **Spektrum der möglichen Maßnahmen auszuweiten, anstatt** es – aufgrund eigner Wertvorstellungen – **einzuengen**.

Werturteile in wissenschaftlicher Praxis

In der wissenschaftlichen Arbeit finden sich Werturteile in unterschiedlichsten Aspekten, ohne dass es dabei zwangsläufig zu einem Problem mit dem Postulat der Werturteilsfreiheit kommt (vgl. OPP 2005, S. 223 ff.):

1. **Als Wertebasis:** Zum Beispiel könnte sich jemand mit Umweltproblemen beschäftigen, weil er prinzipiell den Umgang der Menschheit mit ihren natürlichen Grundlagen als moralisch verwerflich empfindet. Von der Wertebasis der Forschenden hängt es auch ab, **welche wissenschaftlichen Aussagen man akzeptiert**. Um in dem obigen Beispiel zu bleiben: Jemand der Umweltforschung betreibt, wird vermutlich auch die Hypothese akzeptieren, dass Wissen und Bildung (über die Umwelt) das Handeln von Menschen beeinflusst. Einerseits Umweltforschung zu betreiben und andererseits davon auszugehen, dass die Erkenntnisse an dem Handeln der Menschen wenig bis nichts ändern wird, führt vermutlich zu psychologischen Spannungen (kognitive Dissonanzen). Die Wertebasis (oder Ideologie) trägt also wesentlich dazu bei, welchen Theorien wir mehr oder weniger Glauben schenken. In dieser Hinsicht beruht jede Wissenschaft auf Wertvoraussetzungen – und wenn es der Wert „objektiver" Erkenntnis ist. Ohne Werte hätten wir keine Möglichkeit wissenschaftlich zu arbeiten, da unklar wäre, **was relevant oder wissenschaftlich von Interesse ist** (ganz im Sinne der POPPERSCHEN „Scheinwerfertheorie", siehe Kap. 2.2.3).
2. **Als Gegenstand oder Überprüfung wissenschaftlicher Aussagen:** Beispielsweise geht es bei dem Versuch zu ermitteln, welche Bereitschaft in der Bevölkerung besteht, Einschränkungen der persönlichen Mobilität für Klimaschutzmaßnahmen hinzunehmen, nicht um die Werturteile der Forschenden, die diese Untersuchung durchführen, sondern vielmehr um die **Beschreibung der Werte** (oder eines Wertewandels) **von befragten Personen**.
3. **Als Wirkungen wissenschaftlicher Aussagen:** Ergebnisse wissenschaftlicher Arbeit können Wirkungen haben, die moralisch verwerflich sind. So konnte man z. B. vor Entdeckung der Amniozentese (Fruchtwasseruntersuchung) nicht wissen, ob ein Kind mongoloid sein wird oder nicht. Heute kann man das wissen, was zur Folge hat, dass wir diese Behinderung als „vermeidbar" einschätzen und der Abbruch einer Schwangerschaft aus diesem Grund gesetzlich befürwortet wird – eine Entwicklung, die moralische Fragen aufwirft und beispielsweise den Philosophen KLAUS MICHAEL MEYER-ABICH dazu bringt, die bisherige breit akzeptierte **Verantwortungsfreiheit der so genannten Grundlagenforschung kritisch zu hinterfragen** und als nicht mehr mit unserer Demokratie vereinbar einzuschätzen (MEYER-ABICH 2003). Denn allzu oft erzeugt die Wissenschaft Realitäten, auf die die Gesellschaft nicht vorbereitet ist und bei der sie auch keine Gelegenheit hatte, zu entscheiden, ob sie das wissen möchte.

Das Postulat der Werturteilsfreiheit für die Wissenschaft ist im Zuge der ökologischen Krise und den Debatten um nachhaltige Entwicklung (das

Wertfreiheit = Verantwortungsfreiheit?

selbst ein stark normatives Konzept darstellt) erneut in die Diskussion geraten. Die **Rolle der Wissenschaft als die dominante Form der Wissenserzeugung** steht zur Debatte und die **Forderung nach der Verantwortungsübernahme der Forschenden** für ihre Erkenntnisse bekommt mehr Raum (vgl. z.B. POHL 2003, SCHMID 2007). Werturteilsfreiheit und Verantwortungsübernahme stehen sich nicht so unvereinbar gegenüber, wie das auf den ersten Blick vielleicht scheinen mag (siehe hierzu auch WEICHHART 1986). Die Forderung nach der Werturteilsfreiheit ist für die Problemformulierung einer wissenschaftlichen Arbeit, die Durchführung der Studie sowie die Analyse der Ergebnisse eine durchaus berechtigte Forderung. Das enthebt die Forschenden jedoch nicht, **über die gesellschaftspolitischen Aspekte und Konsequenzen ihrer Forschung zu reflektieren** und diese in ihre Überlegungen einzubeziehen. Forschende haben auch dahingehend eine **Verantwortung, wofür die Ergebnisse ihrer Arbeit verwendet werden** (können), auch wenn diese Abschätzung im Vorfeld teilweise überaus schwierig ist. Der gängige Verweis darauf, dass die Dinge zu komplex seien, um ihre Komplexität zu erfassen, ist letztlich ein Stehlen aus der Verantwortung. Inwieweit sich Forschende selbst als verantwortlich für die Verwendung (und potenziellen Missbrauchsmöglichkeiten) ihrer Erkenntnisse verstehen, ist in der Regel **abhängig von der erkenntnistheoretischen Position**, die sie einnehmen. Tabelle 4 (am Ende von Kap. 2.3) zeigt einige erkenntnistheoretische Ansätze mit der damit (oftmals) einhergehenden gesellschaftspolitischen Haltung. So nehmen Vertreterinnen und Vertreter **realistischer Positionen** (Empirismus, Realismus, Positivismus usw.) für sich in Anspruch, eine „objektive" Forschung zu betreiben und **lehnen** in der Regel eine **Verantwortungsübernahme für die eigene Forschung schlichtweg ab** („das ist eine Sache der Gesellschaft"). Vertreterinnen und Vertreter der **Kritischen Theorie** dagegen streben eine radikale gesellschaftliche Veränderung durch ihre Forschung an und sehen sich **ganz selbstverständlich in der Verantwortung für ihre Arbeit**.

Brauchen wir eine Geoethik?

Im Bereich der **Umweltforschung**, bei Fragen der **Ökologie** und den Problemen des **Globalen Wandels** wimmelt es geradezu von **Argumenten, die moralisch oder ethisch aufgeladen** sind, die nahezu parareligiöse Züge annehmen. Dass diese Art der Debatten vor der Geographie nicht halt machen, hat JÜRGEN LETHMATE für den Geographie-Unterricht verdeutlicht, indem er dort vor allem eine „Indianer-Ökologie", „Dalai-Lama-Ökologie" „Jutetaschen-Ökologie" und „Gleichgewichts-Ökologie" konstatiert, die eine **wissenschaftlich-sachliche Diskussion geradezu verhindert** und ihre ökologisch-normative Ideologie durch Betulichkeit verschleiert (vgl. LETHMATE 2000, siehe auch die dadurch ausgelöste Debatte unter www.die-erde.de/html/diskussion.html). Offensichtlich stößt bei diesem Thema das Postulat der Werturteilsfreiheit an enge Grenzen. Ethik wird in dieser Debatte allzu oft **als weltanschaulicher Hintergrund missverstanden**, die möglichst als geschlossene Doktrin klare Werte zu formulieren und für eine kompromisslose Normierung zu sorgen hat. Die eigentliche Funktion der Ethik als **Reflexionstheorie des eigenen Tuns** wird in den durch Zeitnot, Geld- und Datenbeschaffungszwang geprägten Forschungsgewohnheiten als eher lästig und unnötig kompliziert erachtet. So mehren sich die Stimmen, die nach einer Umweltethik, Geoethik, Ethik der Natur usw. rufen, und gemeint ist damit allzu oft eine **ideologische Handlungsanweisung**, die klar und eindeutig formuliert, was zu tun ist.

Ganz unideologisch betrifft eine derartige Ethik nach DIETER BIRNBACHER jedoch:

> „[…] alle Bemühungen um eine Klärung und Begründung von Wertvorstellungen und Verhaltensnormen, die sich auf den menschlichen Umgang mit der außermenschlichen Natur beziehen […]" (BIRNBACHER 1991, S. 279).

Ethische Prinzipien

In der Debatte um angemessene ethische Prinzipien **im Umgang mit unserer nicht menschlichen Umwelt** lassen sich grob **vier Positionen** ausmachen, die sich durch eine schrittweise **Ausdehnung der Anerkennung eines Subjektstatus** für Bereiche außerhalb des Menschen auszeichnen. Der Subjektstatus bindet sich an die Frage, inwieweit „Naturwesen" ein intrinsischer (eigenständiger) Wert zugeschrieben wird (vgl. LESCH 1996, S. 376f.):

1. **Anthropzentrik:** Nur menschliche Wesen haben einen Eigenwert, alle anderen Wesen allenfalls einen Wert, der sich in ihrer instrumentellen Bedeutung für den Menschen bemisst (wirtschaftlicher Nutzen, Ästhetik usw.).
2. **Pathozentrik:** Alle leidens- und empfindungsfähigen Wesen sind Träger intrinsischer Werte und daher Gegenstand ethischer Prinzipien.
3. **Biozentrik:** Alles Lebendige ist moralisch zu würdigen.
4. **Physiozentrik:** Auch die unbelebte Natur (der Gegenstand der Physischen Geographie also bspw.) ist Träger intrinsischer Werte und muss daher als eigenständiges Gegenüber begriffen werden, für das Menschen im Sinne eines symmetrischen Anerkennungsverhältnisses Verantwortung zu tragen hat.

Da es sich bei allen wesentlichen Fragen des **Umgangs des Menschen mit seiner Umwelt** um Fragen handelt, die **durch die sozialen Rahmenbedingungen des Handelns beeinflusst** werden (z.B. durch Arbeitslosigkeit, Armut, Korruption, Teilhabe an Informationen und Gesellschaft), versteht WALTER LESCH **jede ökologische Ethik** (egal welcher Ausprägung) zugleich **als eine Sozialethik** (vgl. LESCH 1996, S. 376). Denn letztlich ist alles, was je über die Natur gesagt wurde (und wird), ein Versuch, die Stellung des menschlichen Subjekts in der Welt zu ergründen (vgl. EISEL 2009, S. 24). In diesem Sinne bleibt die Auseinandersetzung über den Umgang mit unserer nicht menschlichen Umwelt **ohne eine Klärung der ethischen Prinzipien** für die sozialen Bedingungen des Handelns eine **rein akademische Diskussion ohne praktische Konsequenzen**.

3.2 Paradigmen in der Geographie

Die **Geographie als wissenschaftliche Disziplin** hat sich seit dem frühen 19. Jahrhundert erst allmählich formiert. **Kapitel 3.2.1** verfolgt in einem kursorischen (d.h. rasch durchlaufenden) Überblick die **Entwicklungen des Faches bis** zur ersten großen Revolution in der Geographie **Ende der 1960er-**

Jahre. Danach richtet sich der Blick auf die **gegenwärtigen Paradigmen** in der Geographie, zunächst in der **Humangeographie (Kap. 3.2.2)** und der **Physiogeographie (Kap. 3.2.3)**, um im letzten Kapitel den Fokus auf das so genannte **Humanökologische Paradigma** zu richten **(Kap. 3.2.4)**, in dem es um die Beziehungen des Menschen zu seiner Umwelt geht und das für seine erfolgreiche Umsetzung sowohl physio- als auch humangeographische Erkenntnisse benötigt.

Was ist Geographie?

Bevor wir uns mit den Entwicklungen der Geographie als Wissenschaft auseinandersetzen, erlauben Sie mir einige Bemerkungen zu der **Frage der Definition des Faches**, einem zentralen Aspekt in jeder Selbstbeschreibung der Geographie (und damit jedes einführenden Lehrbuchs). Ich werde weder eine Auswahl der zahlreichen Definitionen referieren, noch eine eigene Abgrenzung versuchen, was Geographie denn sei, welchen Gegenstand sie untersucht und welche Methode und Aufgaben sie verfolgt (**für Interessierte:** Eine umfangreiche Sammlung von Antworten vom 18. Jahrhundert bis zur Gegenwart auf die Frage „Was ist Geographie?" findet sich bei SCHULTZ 2003a, 2003b, 2004). Diese **Verweigerung einer Definition** hat einen guten Grund: **Die Frage kann nicht sinnvoll beantwortet werden**, darauf hat GERHARD HARD (1973, 1990) bereits ausführlich hingewiesen. Trotz seiner berechtigten und fundiert begründeten Kritik taucht die Frage nach dem Wesenskern der Geographie immer wieder auf (und ist auch immer einmal wieder Gegenstand von Prüfungen). Daher sei HARDS Kritik hier kurz skizziert (vgl. HARD 1973, S. 10ff.):

1. Eine Frage, die mit „was ist" beginnt, impliziert die Annahme eines **absoluten und globalen**, zugleich **zeitlosen und ewigen „Wesens der Sache"**. Darüber hinaus geht die Frage davon aus, dass wir über das „Wesen einer Sache" eine **Aussage machen können**. Beide Annahmen erscheinen vor dem Hintergrund verschiedener erkenntnistheoretischer Befunde mehr als fraglich (siehe Kap. 2.2.2 und 2.2.5).
2. Die Frage nach dem Wesen der Geographie transportiert gleichzeitig die Annahme, dass es so etwas wie ***die* Geographie** gibt, *eine* Geographie also, die schon immer war und auch künftig so sein wird. Dass dem nicht so ist (und auch nicht sein kann), zeigt bereits ein Blick auf die **Themen-, Methoden- und Perspektivenvielfalt** der Geographie, die „den bunten Flicken einer Hanswurstjacke" entsprechen könnte, wie FRIEDRICH KÖRNER bereits 1847 festgestellt hat (siehe Zitat in der Einleitung zu Kap. 2). Zugleich verneint diese Annahme jegliche Entwicklung des Faches.
3. Mit dem Gedanken von einer „ewigen Geographie" verbindet sich die Vorstellung, dass diese durch **ihren Gegenstand** (der ebenfalls seinem Wesen nach als immer gleich gedacht wird) **in der Wirklichkeit selbst verankert** ist und diese vorgegebene Wirklichkeit der Geographie vorgibt, wie sie ist (war und sein wird). Wäre dies der Fall, dann gäbe es **keinen wissenschaftlichen Fortschritt**, denn es wäre „eine Disziplin des ‚großen Immer Wieder'" (HARD 1973, S. 14). Keine Wissenschaft findet „ihren Gegenstand" einfach vor. Vielmehr entfaltet sich dieser Gegenstand durch die **spezifische Frageweise einer Disziplin**, die durch die Hypothesen und Theorien vorstrukturiert ist. Wandeln sich diese Hypothesen und Theorien, verändern sich auch die Gegenstände der Forschung (siehe Kap. 2.2.2 und 3.1).

Diese **kritische und theoretisch-reflektierte Sichtweise** auf die Definition des Faches Geographie gehört bislang **keineswegs zum „Mainstream-Wissen"** innerhalb der Geographie, das zeigen Fragen wie „Ist das noch Geographie?" bei der Vorstellung von Forschungsarbeiten oder der Kampf um *das* Paradigma der *klassischen* Geographie, über den nach wie vor berichtet wird (vgl. z.B. HARD 2004, EISEL & SCHULTZ 2008, WEICHHART 2000, S. 49f.).

3.2.1 Entwicklung der Geographie als Wissenschaft

In dem folgenden kursorischen Überblick über die Entwicklung der Geographie als Wissenschaft greife ich nur einige wesentliche Aspekte auf. Die **historischen Vorläufer** wie z.B. die Geographie ANAXIMANDERS AUS MILET (610–546 v. Chr.), HERODOTS VON HALIKARNOSSOS (484–424 v. Chr.) oder CLAUDIUS PTOLEMÄUS' (ca. 100–175 n. Chr.) im antiken Griechenland sowie die **frühneuzeitlichen Arbeiten** von BARTHOLOMÄUS KECKERMANN (1571–1608) und BERNARDUS VARENIUS (1622–1650), die die wissenschaftliche Geographie vorbereitet haben, **müssen an anderer Stelle nachgelesen werden** (z.B. bei HOLT-JENSEN 1999, MARTIN 2005).

Geographie als eigenständige wissenschaftliche Disziplin

Als eigenständige wissenschaftliche Disziplin hat sich die Geographie **im frühen 19. Jahrhundert** im Nachgang von GEORG FORSTER (1754–1794) und ALEXANDER VON HUMBOLDT (1769–1859) mit der **Einrichtung des ersten Lehrstuhls für Geographie für CARL RITTER** (1779–1859) formiert, mit dem „die moderne akademische Zeitrechnung der Geographie" beginnt (BROGIATO 2005, S. 52). **Bis etwa 1875** hatte sich das Fach dann **als Universitätsdisziplin allgemein etabliert**. Ein wesentlicher Grund hierfür lag in der Ausbildung für Lehrer an höheren Schulen, da sich die Geographie **im Zuge der Nationalstaatsbildung** zu einem eigenständigen Schulfach entwickelt hatte und im Rahmen der „vaterländischen Erziehung" eine bedeutende Rolle spielte. Es war die große Zeit der **positivistischen Naturwissenschaften**, die sich aus dem davor umfassenden Fach der „Naturphilosophie" als **selbstständige Disziplinen formierten** und die durch die Evolutionstheorie CHARLES DARWINS (1809–1882) noch einmal Auftrieb bekamen. So auch die Geographie, die sich ihren Platz vor allem durch eine stark naturalistisch verkürzte und sozialdarwinistisch geprägte Auffassung von Geographie schuf, indem sie einen **nationalpolitischen Auftrag verfolgte** und die imperialistischen Ansprüche des Kaiserreiches (bspw. in den Kolonien) im Sinne einer scheinbar naturwissenschaftlichen Fundierung legitimierte (vgl. BLOTEVOGEL 2002, S. 39). Dieses vorwiegend staatstragende und **dem Staat dienende Selbstverständnis der Geographie** zieht sich – wenn auch anders begründet – in Teilen bis in die heutige Geographie hinein (man denke bspw. an die Raumplanung oder die Ausbildung für das Schulfach Erdkunde, vgl. WERLEN 2009).

Paradigma der klassischen Geographie: Landschafts- und Länderkunde

Die **frühe wissenschaftliche Phase** der Geographie (in der Regel „klassische Geographie" genannt) war geprägt von dem Paradigma der Landschafts- und Länderkunde, das die **Tradition der „Erdbeschreibungen"** fortsetzte, die sich im Rahmen der großen Entdeckungen und der sich anschließenden Kolonialisierung seit dem 15. Jahrhundert entwickelt hatten.

Landschaft

Mit Landschaft wurde nach HANS BOBEK (1903–1990) und JOSEF SCHMITHÜSEN (1909–1984) ein beobachtbarerer „Gesamtinhalt eines Teilstücks der Erdoberfläche" bezeichnet (vgl. WERLEN 2000, S. 101). Die Landschaft stellte damit das **Integrationsergebnis der Teilkomplexe der Geosphäre** dar. Die Analyse der Landschaft erfolgte über die **Untersuchung der Geofaktoren**, wobei jedoch nur solche Erscheinungen mit dem Landschaftsbegriff gefasst wurden, bei denen eine **Regelhaftigkeit** oder eine **Gesetzmäßigkeit** zu finden war (vgl. WEICHHART 1975, S. 9 und 27ff.). Das Landschaftskonzept bildete damit die **Klammer zwischen Physio- und Humangeographie**, indem sie regelhaft auftretende und typisierbare Erscheinungen der natürlichen und kulturellen Sphäre miteinander verband. Man ging davon aus, dass der „Totalcharakter einer Erdgegend" für einen ausgebildeten Geographen mit einem Blick erfassbar ist, denn sein **geographischer Blick** war das Ergebnis eines langjährigen Lernprozesses **zum Erkennen von Formmustern** (vgl. WARDENGA 2006a). Auf der Basis einer gelernten Typologie kann er damit den allgemeinen und individuellen **Charakter der Wirklichkeit einer spezifischen Landschaft** beschreibend erfassen, indem er ihm gleichsam ins Auge springt. Heute mutet diese Vorgehensweise als paradox an, denn mittlerweile verstehen wir – zumindest in der Humangeographie – Konzepte wie Landschaft oder auch Natur als von der Wahrnehmung abhängig, als **subjektiv konstituierte Ausschnitte einer Wirklichkeit** (zu Sozialkonstruktivismus siehe Kap. 2.2.2). Die Landschaft der klassischen Geographie dagegen sollte als wahrnehmungsunabhängig vorliegender Forschungsgegenstand objektiviert werden.

Länderkunde

Die Landschaftskunde bildete die Grundlage für die **übergeordnet** gedachte geographische Länderkunde. Während mit den Landschaften nach Gesetzlichkeiten und Regelmäßigkeiten gesucht wurde, konnten die Länder durch die Komplexität all ihrer geographischen Formen und Erscheinungen nur als „Raumindividuen" gefasst werden (vgl. WEICHHART 1975, S. 10f.). Vereinfacht ausgedrückt, setzt sich ein „Land" aus einer **Mehrzahl von Landschaften** zusammen, die dann **ein homogenes Ganzes ergeben**. Die Einheit eines Landes ist somit die Folge der Landesnatur, insofern sind auch seine **Grenzen „natürlich" gegeben** und keineswegs ein Ergebnis politischen Willens. Das Konzept der geographischen Länderkunde gibt ein Ordnungsschema vor, das diese **geodeterministische Denkweise** (mit verschiedenen Anklängen zum Possibilismus; s.u.) in eine Handlungsanleitung für Länderkundler umsetzt, mit dem das **höchste Erkenntnisziel** der länderkundlichen Forschung verfolgt werden kann: ein **Land als Gesamtheit aller in ihm vorkommenden Phänomene** darzustellen. Dazu werden zunächst die natürlichen Grundlagen beschrieben (Gestein, Boden, Relief, Klima), dann die Pflanzen- und Tierwelt und schließlich die Welt des Menschen (Bevölkerung, Siedlung, Wirtschaft und Verkehr). Ziel ist es, die **Abhängigkeit des menschlichen Lebens** eines Landes **von den natürlichen Gegebenheiten** herauszuarbeiten und dabei die **Einmaligkeit des beschriebenen Landes** zu verdeutlichen. Aus diesem weitgehend geodeterministischen Verständnis heraus ergibt sich sowohl der Untersuchungsgegenstand als auch das Ordnungsschema der Geographie, wie es HARALD UHLIG noch 1970 skizziert hatte, als ganz „natürlich", liegt beides doch in den Landschaften und Ländern als gegeben vor: „Das Ökosystem Mensch/Erde bestimmt die Ordnung der Geographie" (UHLIG 1970, S. 20).

Nomothetische versus idiographische Forschung

Im Kanon der Wissenschaften galt die Geographie lange Zeit als **keine „wirkliche" Wissenschaft** (und kämpft durchaus auch heute noch mit der Frage, vgl. CASTREE 2005). Ein wesentlicher Grund lag in der Definition und Vorgehensweise der Forschenden, die bei ihren Arbeiten vor allem auf die **Besonderheit der spezifischen Untersuchungsgegenstände**, die sie behandelten – der Länder –, bestanden. Auf dieser Grundlage entstehen rein idiographische Arbeiten (von griech. *idios* = eigen und *graphein* = beschreiben), die auf der **Basis von Beobachtung und induktiven Schlussfolgerungen** (siehe Kap. 2.3.1) zu Ergebnissen kommen. Dies gilt jedoch gemeinhin nicht als wissenschaftliche Vorgehensweise, denn sie macht beispielsweise Vorhersagen von Phänomenen unmöglich – ein wesentliches Anliegen von Wissenschaft. Wie wir bereits wissen, gilt als zentrales Element wissenschaftlicher Arbeit (mit dem bspw. auch Wissenschaft von Nichtwissenschaft unterschieden werden kann), die Anwendung von **Hypothesen und Deduktion** (siehe Kap. 2.3.2), die jedoch nur dann eingesetzt werden können, wenn das zu beobachtende **Phänomen nicht als einzigartig** angenommen wird. Ist ein Phänomen einzigartig, dann ist es auch nicht vorhersagbar, und es kann keine Theorie darüber entwickelt werden. Das Beharren der Geographie auf die Einzigartigkeit ihrer Untersuchungsgegenstände und die **Weigerung, nach Regeln und Gesetzen für das Regionale oder Räumliche zu suchen** (der so genannte nomothetische Ansatz, von griech. *nomos* = Gesetz und *thesis* = aufbauen), führte das Fach lange Zeit ins Abseits der Wissenschaften (vgl. BIRD 1993, S. 8f.). Neuere Arbeiten, die ihren Fokus vor allem auf die Praxis der Forschenden (und weniger die methodologischen und theoretischen Schriften) legen, zeigen, dass die **Vorgehensweise in der klassischen Geographie** wohl kein Entweder-oder war, sondern sich bei nahezu allen Forschenden ein **Wechsel von idiographischer und nomothetischer Vorgehensweise** feststellen lässt (vgl. WARDENGA 1991 sowie den Forschungsschwerpunkt zum Pragmatismus am *Institut für Länderkunde* in Leipzig).

Exkurs: „Landschaft" doch ein tragfähiges Paradigma?
Die Entwicklung der Geographie erscheint in der Geschichtsschreibung vor allem aufgrund der idiographischen Vorgehensweise als eine eher „schlichte" Wissenschaft, obwohl sie mit dem Landschaftskonzept einen sehr ausgefeilten Ansatz verfolgte. Nach der vehementen Kritik an den Konzepten der klassischen Geographie in der Quantitativen Revolution (s. u.) schien nicht nur die Länderkunde, sondern auch die Landschaft als Konzept aus der Geographie verbannt zu sein, da sie es nicht geschafft hatte, ihre gesellschaftliche Relevanz zu verdeutlichen. **ULRICH EISEL** interessierte genau diese „Einfalt der Theorien der Kulturgeographie" (vgl. EISEL 2009, S. 15) und suchte nach Gründen sowohl für ihre Naivität als auch nach Möglichkeiten, das eigentlich sehr elaborierte Landschaftskonzept (vgl. SCHULTZ 1980) stärker **gesellschaftstheoretisch einzubinden und aufzuwerten**. **KUHNS Paradigmenbegriff** lieferte ihm dazu eine gute Begründung, denn die KUHN'SCHE Wissenschaftstheorie lässt sich auch so verstehen, dass jede Wissenschaft nach einem *besonderen* Modus funktioniert und *damit* die *allgemeinen* Bedingungen von Wissenschaft erfüllt – und nicht umgekehrt (vgl. ebd., S. 21). In dieser Hinsicht hatte der idiographische Ansatz durchaus seine Berechtigung. ULRICH EISEL unterscheidet zwischen **konkreter Landschaft** (als das Offensichtliche,

das Materielle) und **abstrakter Landschaft** (als das Transzendente, z.B. das Ästhetische, Erhabene usw.). Konkrete und abstrakte Landschaft bedingen einander, wurden jedoch im Laufe der Kulturgeschichte auf den Kopf gestellt – was uns heute als offensichtlich und materiell (weil messbar) erscheint, war in vormodernen Gesellschaften etwas Transzendentes, während das uns heute als transzendent Erscheinende in der Vormoderne das Offensichtliche war. Beide Ebenen der Landschaft sind daher als **Produkte eines langen gesellschaftlichen Abstraktionsprozesses** zu verstehen und nicht als gegeben vorauszusetzen – in diesem Sinne lässt sich EISEL einem konstruktivistischen Lager unter den Erkenntnistheorien zuordnen (vgl. Kapitel 2.2.2). Die Unterscheidung in konkrete und abstrakte Landschaft verbindet ULRICH EISEL mit Überlegungen zu ökonomischen Produktionsweisen und meint damit die Art und Weise der Ausbeutung von Arbeitskraft und natürlichen Ressourcen. In dem wechselseitigen Abtasten der Unterscheidung zwischen konkreter und abstrakter Landschaft in Verbindung mit den Konsequenzen der jeweiligen Ausbeutungsverhältnisse entfaltet sich ein sehr fruchtbares Konzept der Landschaft für die Geographie (für Raum, Mensch-Umwelt-Beziehungen usw.), an das bislang innerhalb des Faches nur wenig angeschlossen wurde.

Quantitative Revolution: Raumwissenschaft

Die Debatte um eine idiographische oder nomothetische Vorgehensweise wurde besonders in der ersten Hälfte des 20. Jahrhunderts geführt und erlebte einen letzten Höhepunkt Ende der 1960er-Jahre. In der deutschsprachigen Geographie waren es vor allem **drei Kritiken**, die trotz ihrer unterschiedlichen theoretischen Begründungen zu einer ähnlichen Haltung der **Ablehnung der Landschafts- und Länderkunde** gelangten und maßgeblich zu der Revolution beitrugen, die sich **am Kieler Geographentag 1969** vollzog:

1. **DIETRICH BARTELS** Habilitationsschrift (BARTELS 1968), die eine kritisch-rationale Neuorientierung der Geographie forderte.
2. **GERHARD HARDS** sprachanalytisch-kritische Auseinandersetzungen mit dem Landschaftsbegriff (HARD 1970).
3. Die so genannte „Geografiker Gruppe", in der **ULRICH EISEL** eine wichtige Rolle spielte und die sich im Umfeld der Studentenbewegung der 1960er-Jahre am *Geographischen Institut* der Freien Universität Berlin formiert hatte und sich vor allem von der marxistisch fundierten Kritischen Theorie der Frankfurter Schule inspirieren ließ (siehe Kap. 2.2.2, die Ausgaben der Zeitschrift „Geografiker" von 1969 bis 1972 sind verfügbar unter www.kritischegeographie.de/index.php/archivzeitschriften-geografiker).

In der Quantitativen Revolution richtete sich die Kritik **gegen die idiographische Ausrichtung** der Geographie sowie **gegen die Dominanz rein deskriptiver Darstellungen**. Vielmehr sei es notwendig, nach Raumgesetzen und Regelmäßigkeiten zu suchen, mit denen die räumliche Verteilung und Anordnung der verschiedenen Sachverhalte zu erklären seien. Die „Quantitative Revolution" umfasste somit **zwei radikale Veränderungen**: (a) In methodischer Hinsicht führte sie zu der **Verwendung mathematischer Modelle und statistischer Methoden** und (b) in theoretischer Hinsicht zu einer Abkehr von der Idiographie und zu einer **Hinwendung zur Chorologie** (Suche nach Gesetzmäßigkeiten des Raumes). Diese Veränderungen gingen keineswegs reibungslos vonstatten, sondern waren – ganz im Sinne einer wissenschaftlichen Revolution (siehe auch Kap. 3.1.1) – heiß umkämpft, gingen mit **vehementer Ablehnung** und **persönlichen Diffamierungen der Protagonisten** einher. Benno Werlen hält diese Entwicklung nicht nur für eines der traurigsten Kapitel der Fachgeschichte der Nachkriegszeit, sondern sieht in diesem Umgang mit der Kritik einen der wesentlichen Gründe, „weshalb es in der breiteren Rezeption der fachtheoretischen Weiterentwicklung der deutschsprachigen Geographie über mehrere Jahrzehnte hinweg zum Stillstand kam" (Werlen 2009, S. 12).

Folgen der Quantitativen Revolution

Trotz der heftigen Widerstände hatte die **Revolution Ende der 1960er-Jahre** weitreichende Folgen:

1. Das **Weltbild der Geographie**, das Länder und Landschaften naturalisierte, wurde **durch ein raumwissenschaftliches Verständnis ersetzt**. Die Stellung der „Länderkunde" als „Krone der Geographie" (Blotevogel 2002, S. 39) geriet in die Kritik und verlor ihre Funktion als Klammer für eine Einheit der Geographie. Dem **Konzept der Landschaft** wurde das **Konzept des Raumes** als geometrisches Gebilde **entgegengesetzt**, und die Geographie zur **„chorologischen Wissenschaft"** (Wissenschaft des Raumes, siehe Exkurs „Raum") erklärt. In diesem Verständnis sind Räume und Landschaften nicht mehr natürlich vorgegeben, sondern vielmehr (über mathematische Verfahren) analytisch bestimmbar, um anschließend spezifische Problemstellungen zu bearbeiten.
2. Der Schwerpunkt der Arbeit verlagerte sich in die einzelnen Zweige der Allgemeinen (oder thematischen) Geographie, die **im Zuge der Spezialisierung** nun vor allem **um Abgrenzung zu ihren jeweils systematischen Nachbarwissenschaften ringen** (z.B. Stadtgeographie, Wirtschaftsgeographie, Sozialgeographie usw.).
3. Die aufgrund der unterschiedlichen Interessen bereits in der (methodischen) Praxis vorliegende **Spaltung der Geographie in Physische Geographie und Humangeographie** wurde nun **auf theoretischer Ebene** vollzogen. Vor allem **Dietrich Bartels** mit seiner Arbeit „Zur wissenschaftstheoretischen Grundlegung einer Geographie des Menschen" (1968) plädierte erfolgreich für eine Zweiteilung, da für ihn eindeutig war, dass die Behandlung der physischen und der sozialen Welt vollkommen unterschiedliche Konzepte und Begriffe erfordert. Der Versuch einer Integration führte nach seiner Sicht in die theoretische Belanglosigkeit, das hätte die Geschichte der Geographie bereits gezeigt (vgl. Bahrenberg 1995, S. 155 f.). Die „Einheit" der Geographie war damit aufgebrochen.

Determinismus – Possibilismus – Voluntarismus

Eine Möglichkeit, die Veränderungen in der Wissenschaftsgeschichte der Geographie nachzuzeichnen, bietet eine Analyse des **Menschenbildes**, das zu einer bestimmten Zeit den Forschungsarbeiten zugrunde lag. Die Konzepte über die Handlungsoptionen menschlichen Handelns bewegen sich zwischen **zwei extremen Positionen**: (a) In einem **deterministischen Menschenbild** wird das menschliche Handeln als eine Reaktion auf gegebene Reize verstanden. Hier gilt der Mensch in seinen Aktionen als determiniert und verfügt über **keine Wahlfreiheit**. In der länderkundlichen Geographie des 19. Jahrhunderts beispielsweise verstand man das menschliche Verhalten vorwiegend als durch die Umwelt bedingt (Geodeterminismus), und demzufolge wurden die natürlichen Bedingungen und Beschränkungen mit ihren Auswirkungen auf den Menschen untersucht. (b) Das andere Extrem, der **„Voluntarismus"**, begreift menschliches Handeln als vollkommen unbestimmt und frei; der Mensch in diesem Menschenbild besitzt zu jeder Zeit **vollständige Handlungsfreiheit** und ist unabhängig von den Rahmenbedingungen seines Handelns. **Beide Extrempositionen** erscheinen übertrieben und **in ihrer Reinform als unangemessen**. Aber sie können als Eckpunkte dienen, an denen sich die Entwicklung des Menschenbildes in der Geographie aufzeigen lässt (vgl. Abb. 12; BERRY et al. haben dies 1987 für die Wirtschaftsgeographie beispielhaft vorgeführt; das Konzept des *homo oeconomicus* als Grundlage der raumwissenschaftlichen Wirtschaftslehre beispielsweise kommt dem Menschenbild des Voluntarismus sehr nahe, siehe hierzu auch BATHELT & GLÜCKLER 2003, S. 23 ff.). Eine **Zwischenposition** nimmt der **Possibilismus** ein, der Auswirkungen der Natur auf den Menschen zwar als **wahrscheinlich, nicht jedoch als zwingend** und selbstverständlich versteht (eine Position, die PAUL VIDAL DE LA BLACHE (1845–1918) in die Geographie einbrachte, vgl. WERLEN 2000, S. 59 ff.). Die Geographie entfernte sich in ihrer Wissenschaftsgeschichte erst allmählich von einem vorwiegend geodeterminstisch-possibilistischen Menschenbild, dazu bedurfte es einer weiteren Revolution, die dieses Mal nur die Humangeographie ergriff.

Theoretische Revolution: Mensch als Akteur

Die große Revolution Ende der 1960er-Jahre hatte zwar zu einem starken **methodischen Bruch** mit der klassischen Geographie geführt, konnte jedoch auf theoretisch-konzeptioneller Ebene keine befriedigenden Antworten auf das Verhältnis von Raum und untersuchtem Gegenstand geben. **Raum galt** – wie zuvor die Landschaft – **als erklärender Ordnungsfaktor** für menschliches Handeln, zur Überwindung des Geodeterminismus hatte die große Revolution Ende der 1960er-Jahre also nicht wirklich beigetragen. So geriet das raumwissenschaftliche Paradigma bereits nach nicht einmal zwei Jahrzehnten ins Wanken und wurde durch **einen akteurszentrierten Ansatz ersetzt**, der sich vor allem auf der Grundlage der Arbeiten des Sozialgeographen **BENNO WERLEN** entwickelte, indem er die **Strukturationstheorie des Soziologen ANTHONY GIDDENS** für die Geographie fruchtbar machte. Nach der Grundannahme der handlungstheoretischen Sozialgeographie machen wir nicht nur täglich Geschichte, sondern auch Geographie (vgl. WERLEN 1998, 2000), daher steht **nicht der Raum** als der Ort von menschlichen Praktiken im Fokus des Interesses, **sondern die Praktiken** (die Handlungen) selbst.

Handlung

„Handlung" ist in dieser Perspektive jede **menschliche Tätigkeit im Sinne eines intentionalen** (beabsichtigten) **Aktes**. Jede Handlung setzt eine handelnde Person voraus, wobei zentral an dieser Überlegung ist, dass nur **individuelle Personen**, nicht aber Kollektive wie Organisationen, Staaten oder soziale Gruppen usw., handeln können. Diese treten zwar auch als eine Art kollektiver Akteur auf und sind als „juristische Person" im Sinne der Rechtsprechung handlungsfähig, dennoch ist es für das handlungstheoretische Verständnis von Bedeutung, dass diese Kollektive allein über die beteiligten Subjekte handeln können (und nicht als Kollektiv). Die meisten Handlungen – so die These – finden nicht unter selbst gewählten, sondern **unter gesellschaftlich auferlegten Umständen** (Strukturen usw.) statt, bei denen sozial-kulturelle, subjektive, aber auch physisch-materielle Aspekte bedeutsam sind. Eine akteurszentrierte Perspektive **kehrt die Kausalkette geographischer Argumentationen** (siehe Kap. 2.2.4) **um**, denn nunmehr

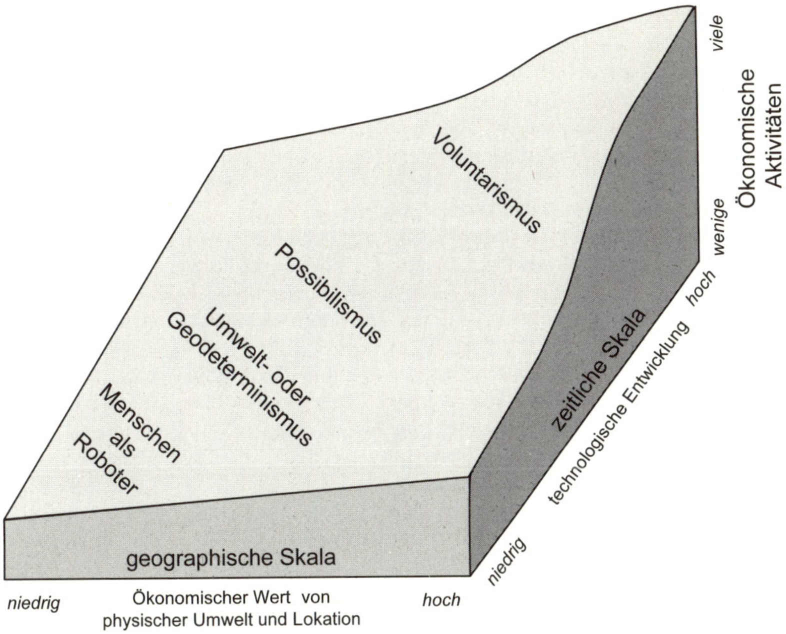

Abb. 12: Menschenbilder: Handlungsmöglichkeiten des Menschen im Raum zwischen Determinismus, Possibilismus und Voluntarismus (nach BERRY et al. 1987, S. 33)

bestimmt nicht mehr das Natürliche (die Landschaft oder der Raum) die sozialen, politischen und ökonomischen Ausprägungen des Menschen einer Region, vielmehr liegt die Verursachung für räumliche Ausprägungen im sozialen, ökonomischen und politischen Handeln von menschlichen Akteuren. Der Begriff der **Regionalisierung der Alltagswelt** fasst diese Perspektive zusammen. Eine zentrale Frage dabei ist, wie Akteure in ihren Handlungen des alltäglichen Geographie-Machens die „Welt" auf sich beziehen.

Die handlungstheoretische Revolution, die in der Sozialgeographie ihren Anfang nahm, hat sich in der Folge auf annähernd alle Teilbereiche der Humangeographie ausgeweitet. Der **Fokus der Forschung** richtet sich somit vor allem **auf das intentionale Handeln von Individuen und ihre Auswirkungen im Raum**.

Exkurs: Raum und Konzepte der Raumauffassung in der Geographie
Die Geographie versteht sich selbst als „Raumwissenschaft": Alles was „verräumlicht" gedacht werden kann, gilt als urgeographisch. Raum ist so fundamental für die Geographie, wie Sex für die Menschheit, wie NIGEL THRIFT dies pointiert in einer Einführung über Raum zusammenfasst: „Without space we would not be here" (CLIFFORD et al. 2009, S. 85). Dabei ist nicht wirklich klar, was wir eigentlich meinen, wenn wir „Raum" sagen. Die Konzepte darüber haben sich im Laufe der Entwicklung der Geographie maßgeblich verändert. Der Begriff kann als eine **Metapher** verstanden werden, **mit dem Zweck zu ordnen und Komplexität zu reduzieren** (sowie Fachidentität herzustellen, vgl. WEICHHART 2008a, S. 61 ff.). Die verschiedenen Raumverständnisse tun dies auf unterschiedliche Weise und entfalten sich in verschiedenen Paradigmen (siehe auch WARDENGA 2006b). In die-

Spatial Turn

sem Sinne dient die Rede vom Raum auch immer der Selbstreflexion des Faches Geographie. Die Debatte über den Raum nahm vor allem durch den so genannten **Spatial Turn** neu Fahrt auf. Mit diesem Begriff wird die „Entdeckung des Raumes" in weiten Bereichen der Sozial- und Geisteswissenschaften zusammengefasst, die Anfang der 1990er Jahre begonnen hat. Wesentliche neue Aspekte zum Thema Raum sind dadurch nicht hinzugekommen, vielmehr wird diese Entwicklung von Seiten der Geographie aus eher kritisch begleitet (für eine Zusammenfassung vgl. DÖRING & THIELMANN 2008).

1. **Raum (und Zeit) als *a-priori*-Anschauung nach IMMANUEL KANT (1724–1804):** Idealistisches Raumkonzept, in dem der Raum eine notwendige Vorstellung *a priori* ist, die allen anderen Vorstellungen zugrunde liegt. Man kann sich niemals eine Vorstellung machen, dass kein Raum sei (nachzulesen in KANTS „Kritik der reinen Vernunft", 1781, § 2).
2. **Raum als (beliebig abgrenzbarer) Ausschnitt der Erdoberfläche:** Andere Begriffe sind z.B. „Erdraumausschnitt", „Teilerdoberfläche", „Realobjektraum" oder „gegenständlicher Raum". Gemeint ist eine Art „Adresse", die relativ unscharf bleibt (Gegend); ein bestimmter und über seine Lage näher bestimmbarer Ausschnitt der sichtbaren, materiellen Erdoberfläche. Dieses Raumkonzept ist gültig von den Anfängen der Geographie bis heute.
3. **Raum als Containerraum (absoluter Raum):** Raum wird als absolut und gegeben verstanden. Er weist eine eigenständige ontologische Struktur auf und ist damit Bestandteil der physisch-materiellen Wirklichkeit. In dieser Konzeption ist der Raum eine Art Behältnis, in das man etwas hineintun kann und den mit Objekten ausgestattet (möbliert) ist. Vertreter dieses Raumverständnisses waren z.B. PTOLEMÄUS, KOPERNIKUS, KEPLER, GALILEI, NEWTON. Zugleich ist der Containerraum die Basis der traditionellen und raumwissenschaftlichen (chorologischen) Geographie.
4. **Raum als relationaler Ordnungsraum:** Der Raum ist nicht absolut, sondern er entsteht erst durch die Ausbildung und stetige Aktualisierung physisch-materieller Objekte zueinander. „Ohne Dinge gibt es keinen Raum" (WEICHHART 1993). Raum ist in diesem Verständnis kein Gegenstand, sondern eine Eigenschaft (Attribut), die entsteht, wenn die Objekte Beziehungen zu anderen Objekten in sich enthalten und repräsentieren. Dieses Raumkonzept ist in der Geographie in der Regel gemeint, wenn es um materielle Aspekte sozialer Phänomene geht, und ist insofern ein Ausdruck räumlicher Praxis.
5. **Raum als logische Struktur (Ordnungsstruktur):** Abstraktes Raumkonzept, in dem der Raum nicht für etwas materiell Existierendes steht, sondern für immaterielle Relationen, etwas Gedachtes. Mit Raum werden Ordnungsrelationen bezeichnet, und er setzt den Rahmen, in den etwas gedanklich eingepasst werden kann, z.B. als Merkmalsraum (etwa der Farbraum in einem Grafikprogramm) oder aber Gradnetze, topographische Karten usw. Der Raum wird als logische Struktur über die „Realität" gelegt und bezeichnet damit einen Akt des Ordnens.
6. **Raum als Erlebnisraum:** Es ist das Raumkonzept der Alltagswelt und bezeichnet einen konkreten Erdraumausschnitt (s.o.), der subjektiv mit Sinn und Bedeutung aufgeladen ist. Der erlebte Raum symbolisiert eine „faktische Realität", da über Prozesse der Hypostasierung (etwas Substanz verleihen) und Reifikation („Ontologisierung" von Abstraktionen) der erlebte Raum „wirklich" erscheint. In der handlungstheoretischen Geographie ist es das wesentliche Raumkonzept, da hier das alltägliche Geographie-Machen fassbar wird.
7. **Raum als symbolisches Kapital:** Nach dem Soziologen PIERRE BOURDIEU (1930–2002) möchten Individuen sich möglichst erfolgreich von anderen Individuen unterscheiden (distinguieren). Diese Distinktion ist nicht nur über den Besitz (oder Nichtbesitz) von ökonomischem Kapital möglich, vielmehr spielen auch soziales Kapital (Netzwerke und Beziehungen), kulturelles Kapital

(Bildung, die eine Nutzung des sozialen Beziehungsgeflechts erlaubt) und symbolisches Kapital (Prestige, Reputation, Ehrenzeichen usw.) eine wesentliche Rolle (vgl. BOURDIEU 1987, 1991). Raum zählt zum symbolischen Kapital, da die Verfügbarkeit über Raum in den meisten Kulturen etwas über die gesellschaftliche Position und Privilegien ausdrückt. Es ist ein Raumkonzept, das spezifische kulturelle Kontexte berücksichtigt und in dieser Hinsicht eine gesellschaftliche Ordnungsstruktur (siehe Raum als Ordnungsstruktur).

8. **Raum als Medium der Kommunikation**: Im Umfeld der soziologischen Systemtheorie nach NIKLAS LUHMANN (1927–1998) wird Raum zunächst als Medium der Wahrnehmung, sowie zunehmend als Medium der Kommunikation verstanden (vgl. POTT, S. 28 f.). Raum dient so zur sinnhaften Ordnung der Kommunikation mit Hilfe der Unterscheidung von Stellen und Objekten, wobei mit „Objekten" immer semantische Einheiten der Kommunikation gemeint sind und keine Einheiten der äußeren Welt. Die jeweilige Besetzung von Objekten und Stellen ist somit beobachterabhängig (siehe Beobachtungstheorie).

Wie aus der kurzen Übersicht deutlich wird, haben sich die wesentlichen Veränderungen in den Konzeptionen von Raum bislang in der Humangeographie vollzogen. Raum spielt in der Physiogeographie ebenfalls eine zentrale Rolle, obwohl sich in der Literatur kaum eine systematische Reflektion darüber findet, wo sich die Potenziale für die Analyse verbergen (vgl. KENT in CLIFFORD et al. 2009, S. 97 ff.).

3.2.2 Paradigmen in der Humangeographie

Geographie als ein Multi-Paradigmen-Spiel

Seit der oben skizzierten Quantitativen Revolution Ende der 1960er-Jahre und der (Sozial-)Theoretischen Revolution Ende der 1980er-Jahre ist die Suche nach adäquaten Konzepten für die Erklärung des Räumlichen nicht abgerissen, und vor allem die Humangeographie geriet in starke Bewegung. So zählte PETER J. TAYLOR (1976) bei seiner Beobachtung der britischen Geographie in den ersten Jahren nach der „Revolution" bereits sieben „Revolutionen" und kam daher zu dem etwas polemischen Schluss: „Seven revolutions in one generation, makes geography the ‚Latin America' of the scientific community" (TAYLOR 1976, S. 141, Fn. 4). Diese Entwicklung hat sich jedoch offensichtlich in vielen Bereichen der Wissenschaften abgespielt. Denn **entgegen der Annahme von THOMAS KUHN**, der für eine wissenschaftliche Disziplin zu einer Zeit nur *ein* Paradigma als vorherrschend postulierte (siehe Kap. 3.1.1), zeigt sich bei einer Beobachtung der gegenwärtigen Wissenschaftslandschaft eher eine **langfristige Koexistenz rivalisierender Paradigmen und Theorien** (vgl. SCHURZ & WEINGARTNER 1998). So auch in der Geographie, die PETER WEICHHART (2000) daher zu Recht als Multi-Paradigmen-Spiel bezeichnet (vgl. Abb. 13). Die **Geographie reflektiert** damit einen der **zentralen Befunde der Erkenntnistheorien**, die eine Existenz von nur *einer* Wahrheit massiv in Frage stellen oder zumindest den Zugang zu dieser einen Wahrheit für uns für unmöglich halten (vgl. Kap. 2.2.2). Insofern erweist es sich als sinnvoll und für die verschiedenen Disziplinen auch durchaus als viabel, **unterschiedliche Theorien für spezifische Probleme** vorzuhalten und zu entwickeln. Folgerichtig muss die Etablierung eines neuen Theoriegebäudes keineswegs dazu führen, dass andere Paradigmen sich auflösen. Auch Paradigmen, die sich als überholt erwiesen haben,

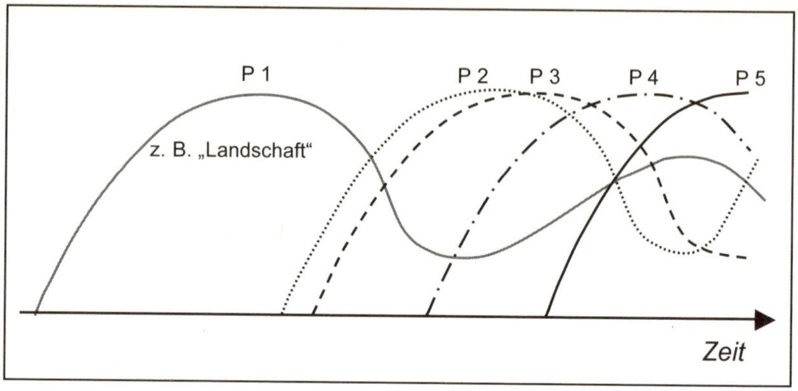

Abb. 13: Paradigmen in der Geographie: Koexistenz rivalisierender Paradigmen (leicht verändert nach WEICHHART 2000, S. 483)

müssen somit nicht für immer in der Versenkung verschwinden, sondern können nach einer Zeit der Ablehnung wieder auftauchen.

Wiederkehr der Landschaft

Derzeit geschieht dies mit dem Begriff der Landschaft. So galt Landschaft in weiten Teilen der Humangeographie vor einigen Jahren noch als ein „Unwort" und keineswegs als ein Begriff, mit dem man in der sozialgeographischen Forschung operieren könnte (während er in der Landschaftsökologie seine Bedeutung nie wirklich eingebüßt hat, siehe z.B. INTERNATIONAL ASSOCIATION FOR LANDSCAPE ECOLOGY, www.iale.de). Heute lebt der Begriff nun wieder auf, allerdings nicht im Sinne des traditionellen Konzepts der klassischen Geographie, sondern als **sozialkonstruktivistisches Arrangement** (siehe Kap. 2.2.2).

Multi-Paradigmen als Ausdruck der Kontingenz der Moderne

Die verschiedenen Paradigmen nehmen unterschiedliche Probleme in den Blick und halten andere Lösungen für diese Probleme bereit. Die steigende Zahl parallel existierender Paradigmen in den verschiedenen Disziplinen kann als ein Ausdruck einer allgemein zunehmenden Kontingenz verstanden werden, die gleichsam als **„Eigenwert" aller moderner Gesellschaften** festzustellen ist (vgl. LUHMANN 1992a, S. 93ff.).

Moderne versus vormoderne gesellschaftliche Entwicklung

Das **Verhältnis von Raum, Zeit und Gesellschaft** unterscheidet sich in „modernen" Gesellschaften von vormodernen Formen der Entwicklung vor allem durch **drei** einerseits **unabhängige**, andererseits aber gleichzeitig **sich wechselseitig beeinflussende Prozesse** (vgl. ALTVATER & MAHNKOPF 2004, S. 90ff. und 124ff., GIDDENS 1997, WERLEN 1998):

1. **Entbettung sozialer Systeme aus der Gesellschaft und aus dem lokalen Kontext:** Die **Globalisierung**, die den Prozess der Modernisierung der Gesellschaften begleitet hat, führte zu einem inneren Prozess der **Restrukturierung der Gesellschaften**, in dem sich die Verhältnisse der gesellschaftlichen Teilbereiche wie Ökonomie, Politik, Kultur, Wissenschaft usw. zu der Gesamtgesellschaft maßgeblich verändert haben. Die erste grundlegende Stufe des „disembeddings" war die **Herauslösung der Wirtschaft** aus der engen Verzahnung mit anderen Teilbereichen der Gesellschaft, die sich dann allein an ihren eigenen Marktlogiken orientiert und den gesamtgesellschaftlichen Kontext vernachlässigt. Mit der Entbet-

tung sozialer Teilsysteme ging gleichzeitig ein **Herauslösen der sozialen Aktivitäten aus den lokalen Kontexten** einher. In modernen Gesellschaften ist es z.B. normal, Produkte zu konsumieren, die an anderen Orten der Welt unter vom Konsumenten nicht nachvollziehbaren Bedingungen hergestellt wurden (vgl. BARTHELT & GLÜCKLER 2003, S. 26f.).

2. **Trennung von Raum und Zeit:** In vormodernen Gesellschaften waren die sozialen und ökonomischen Aktivitäten in Raum und Zeit gebunden, z.B. war es aufgrund fehlender Kühlungs- oder Konservierungsmöglichkeiten notwendig, erzeugte Produkte am Ort und möglichst zum Zeitpunkt ihrer Herstellung zu konsumieren. Ebenso war es für die Aushandlung oder Erarbeitung politischer Resolutionen notwendig, dass die beteiligen Individuen sich an einem bestimmten Ort zu einer bestimmten Zeit einfanden. Dies ist heute bekanntermaßen nicht mehr der Fall. Darüber hinaus führt die **Vermarktwirtschaftlichung des Handelns** (auch in anderen Teilsystemen als dem der Wirtschaft) zu der **Dominanz von Gegenwart**, in der es gilt, möglichst schnell Optionen zu realisieren, und in der Vergangenheit und Zukunft nur eine sehr untergeordnete Rolle spielen (man denke bspw. an die Debatte über die Klimapolitik angesichts der Finanzmarktkrise 2008/2009). Rückblickend – gleichsam aus der Perspektive der Moderne auf die Vormoderne – lässt sich durchaus eine **Abhängigkeit von Raum und Gesellschaft** behaupten. Die Entwicklung von Theorien, die dem Raum eine aktive Rolle bei sozialen, politischen und ökonomischen Aktivitäten beimessen (wie in dem Abriss über die Geschichte der Geographie skizziert), liegt daher nahe. Unter den veränderten Bedingungen der Moderne hat sich das Verhältnis von Raum, Zeit und Gesellschaft jedoch so stark verändert, dass **zur Erklärung** der sozialen Entbettung aus räumlichen Kontexten **das Soziale** (und nicht das Räumliche) herangezogen werden muss. Dies führte auch in der Geographie zu der Herausbildung des **akteurszentrierten Paradigmas**.
3. **Reflexivität gesellschaftlicher Beziehungen:** Moderne Gesellschaften zeichnen sich durch ein hohes Maß an Reflexivität aus, einerseits durch Selbstanalyse, andererseits aber auch durch das Wissen um andere Möglichkeiten. Ein Ausdruck der Reflexivität von Gesellschaften ist die **Zunahme der Beobachtung zweiter Ordnung** (siehe Kap. 2.2.3). Dies **steigert die Kontingenz**, denn die meisten Situationen werden durch Beobachtung der Beobachtung kontingenter (und nicht eindeutiger), da man sich bewusst ist, dass man sich auch anders hätte entscheiden können. Gleichzeitig entsteht ein **Überschuss an Information** (die Welt wird komplexer), denn bei allem, was der Fall ist und was beobachtet wird, muss mitgedacht werden, für wen das der Fall ist, für welche Situation und aufgrund welcher Unterscheidung. Reflexivität gesellschaftlicher Beziehungen heißt also ein **ständiges Hinterfragen und Begründen** von Wissen und Entscheidungen, die auch ganz anders hätten ausfallen können.

Diese Prozesse führen zu einer beträchtlich **zunehmenden Kontingenz gesellschaftlicher Wirklichkeiten**. In der Folge kann weder bei der Problemstellung noch bei vorgeschlagenen Lösungen wissenschaftlicher Fragen eindeutig über ein „richtig" oder „falsch" entschieden werden – wer sollte darüber entscheiden? Insofern kann die Herausbildung multi-paradig-

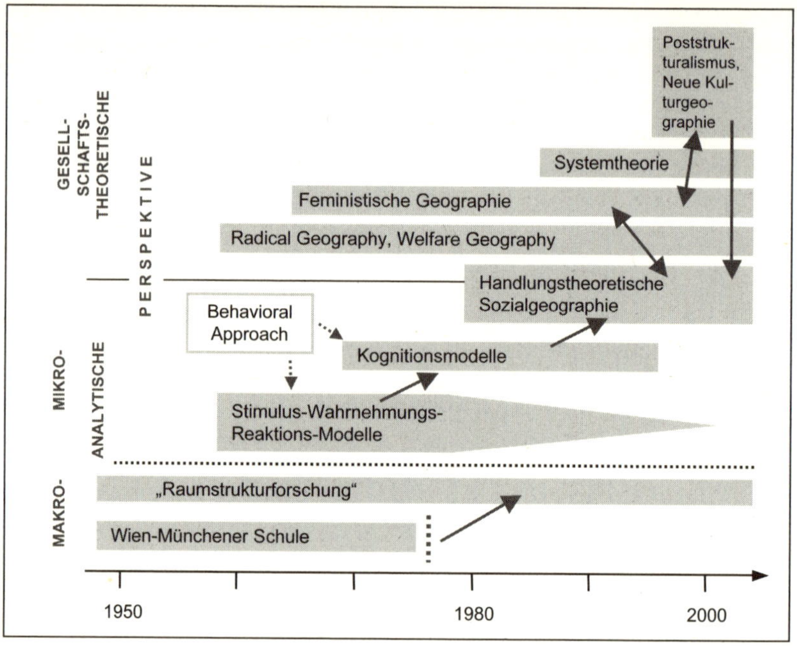

Abb. 14: Gegenwärtige Paradigmen in der Sozialgeographie als Beispiele für die Perspektivenvielfalt in der Humangeographie (nach WEICHHART 2008a, S. 107)

matischer Strukturen der Wissenschaften auch als eine **Konsequenz der spätmodernen Entwicklung unserer Gesellschaft** verstanden werden.

Aktuelle Paradigmen in der Humangeographie

In der gegenwärtigen Humangeographie lässt sich eine Vielzahl von Ansätzen feststellen, die einander teilweise ergänzen, zu einem guten Teil aber auch einander widersprechen oder einfach völlig andere Aspekte in den Blick nehmen. Für die **Sozialgeographie**, die sich ab den 1950er-Jahren auf der Grundlage der Arbeiten von HANS BOBEK etablierte und **hohe „Ausstrahlungseffekte"** in viele andere Subdisziplinen der Humangeographie hat, unternahm PETER WEICHHART (2008a) den Versuch einer **zeitlichen und inhaltlichen Ordnung der Entwicklungslinien** (vgl. Abb. 14). Seine Zusammenstellung lässt sich teilweise auch auf den anderen großen Zweig der Humangeographie – die **Wirtschaftsgeographie** – übertragen, in dem sich ebenfalls verhaltenswissenschaftliche und akteurszentrierte Ansätze durchgesetzt haben (vgl. BATHELT & GLÜCKLER 2003, S. 23ff., HAAS & NEUMAIR 2007, S. 4f.). WEICHHART unterscheidet **drei Klassen von Ansätzen**, die den **Zusammenhang von Sozialem und Räumlichem** bearbeiten:

1. **Makroanalytische Perspektiven** wie die Wien-Münchener-Schule (die seit Mitte der 1970er-Jahren bereits als obsolet gelten kann) und die Vielzahl von **Raumanalysen**, die WEICHHART unter dem Begriff **„Raumstrukturforschung"** zusammenfasst. Unter makroanalytischen Ansätzen werden Arbeiten verstanden, die auf der Grundlage großer Datensätze mit so genannten aggregierten Daten (durch Zusammenfassung von Individualdaten entstandene Werte, z.B. durch Summieren, Bildung von Anteils- oder Durchschnittswerten) Analysen betreiben.

2. **Mikroanalytische Perspektiven** wie verhaltenswissenschaftliche Ansätze und die handlungstheoretische Sozialgeographie. Unter mikroanalytische Perspektiven fallen Denkschulen, die **das Individuum** mit seinen Bewusstseinsprozessen, seinen Verhaltensweisen und seinem Handeln **zum Ausgangspunkt** ihrer Überlegungen nehmen.
3. **Gesellschaftstheoretische Perspektiven** wie *Radical* und *Welfare Geography* (vor allem im englischsprachigen Raum), **Feministische Geographie**, **Systemtheorien** und **poststrukturalistische geographische Arbeiten**. Gesellschaftstheoretische Ansätze fokussieren auf soziale Gruppen oder auf gesellschaftliche Strukturen. Bei einigen der gesellschaftstheoretischen Perspektiven geht es nicht allein um die Analyse der (Ungleichheits-)Phänomene im Zusammenhang von Sozialem und Räumlichem, vielmehr zielen sie auf Kritik und gesellschaftliche Veränderung ab (z.B. Feministische Geographie und *Radical Geography*).

Es wird deutlich, dass die neueren Ansätze weniger von absoluten Parametern ausgehen als vielmehr von **Relativitäten, die** in Abhängigkeit von relationalen Kontexten und Kontingenzen **zu ganz unterschiedlichen Ausprägungen führen**. Am Beispiel der Relationalen Wirtschaftsgeographie, wie sie **Harald Bathelt und Johannes Glückler** (2003) vorschlagen, kann der Unterschied zwischen der raumwissenschaftlichen Perspektive und den relativistischen und sozialwissenschaftlich-fundierten Ansätzen verdeutlicht werden (vgl. Tab. 5).

Relationale Wirtschaftsgeographie

Tab. 5: Unterschiede im Forschungsdesign von Raumwirtschaftslehre und Relationaler Wirtschaftsgeographie (Bathelt & Glückler 2003, S. 33)

Programmatische Dimension	**Raumwirtschaftslehre**	**Relationale Wirtschaftsgeographie**
Raumkonzept	Raum als Objekt und Kausalfaktor	räumliche Perspektive
Forschungsgegenstand	raummanifestierte Handlungsfolgen (Struktur)	ökonomische Beziehungen im Kontext (Praxis, Prozess)
Handlungskonzept	atomistisch: Methodologischer Individualismus	relational: Netzwerk-Theorie, *embeddedness*-Perspektive
Wissenschaftstheoretische Grundperspektive	Neo-Positivismus, Kritischer Rationalismus	Kritischer Realismus, Evolutionsperspektive
Forschungsziel	Raumgesetze ökonomischen Verhaltens	Prinzipien sozioökonomischen Austauschs in räumlicher Perspektive

Wir erinnern uns: Ein wesentliches Merkmal des Paradigmenbegriffs von Thomas Kuhn (Kap. 3.1.1) ist die **Inkommensurabilität** (Unvereinbarkeit; Unmöglichkeit, sich aufeinander zu beziehen) **konkurrierender Paradigmen**, wie sie auch in Tabelle 5 deutlich wird. Die Unvereinbarkeit von Ansätzen lässt sich über die **Gegenüberstellung der jeweiligen zentralen Be-**

Inkommensurabilität verschiedener Perspektiven

griffe schnell zeigen. So wird beispielsweise in den verhaltenswissenschaftlichen Ansätzen der Geographie davon ausgegangen, dass menschliches Tun „Verhalten" ist, während dies in der handlungstheoretischen Sozialgeographie als „Handeln" gilt, dem Intentionen und Motivlagen zugrunde liegen. Beide Ansätze stehen damit grundsätzlich im Konflikt miteinander, der durch keine Übersetzungs- oder Vermittlungsarbeit zu einem Kompromiss führen könnte. Tabelle 6 zeigt die Inkommensurabilität für drei aktuell diskutierte Ansätze: Handlungstheorie, Poststrukturalismus (siehe Kap. 2.2.2) und Systemtheorien zweiter Ordnung (siehe Kap. 3.2.4).

Tab. 6: Inkommensurabilität zwischen Handlungstheorie, Poststrukturalismus und Systemtheorie zweiter Ordnung (verändert und erweitert nach WEICHHART 2008a, S. 390)

	Handlungstheorie	**Poststrukturalismus**	**Systemtheorien zweiter Ordnung**
Subjekt	gilt als „Motor" des sozialen Geschehens	„Idee" des Subjekts wird verworfen	bedeutungslos
„Welt"	wird im Handeln umgebaut	entsteht im Diskurs	Produkt der Kommunikation
Sprache	Ausdruck subjektiver Realität	„Gleiten des Sinns", unendlicher Regress	kontingentes Medium der Kommunikation
Materie	wird im Handeln verändert	widersprüchliche Deutung: von den meisten Autoren als bedeutungslos angesehen, von anderen (z. B. LATOUR) als „Aktant" mit ausdrücklicher Handlungsfähigkeit konzipiert	wird selektiv aktualisiert im Kontext der Kommunikation

Perspektivenvielfalt als Stärke

PETER WEICHHART begreift die multi-paradigmatische Struktur der Humangeographie als eine dezidierte Stärke des Faches. Eine **notwendige Voraussetzung** dafür, dass sich die Perspektivenvielfalt auch als „Reichtum" erweisen kann, ist jedoch, dass **Geographinnen und Geographen** nicht nur über *ein* Paradigma verfügen, sondern **auf der „Klaviatur" verschiedener Theoriegebäude spielen können** (vgl. WEICHHART 2004, S. 17). Zwar wird man üblicherweise im Laufe der Ausbildung mehr oder minder zufällig in das eine Paradigma „hineinsozialisiert", das während der eigenen Studienzeit am betreffenden Hochschulort gerade aktuell war. Eine „gute" Geographie zeichnet sich jedoch gerade dadurch aus, dass sich die Geographin oder der Geograph einigermaßen **sicher in den Denkstrukturen mehrerer Paradigmen** bewegen kann. Da sich die unterschiedlichen Theoriegebäude jeweils für unterschiedliche Probleme und Lösungen eignen, **erhöhe** die Kenntnis unterschiedlicher Ansätze zum einen **die Möglichkeit, verschiedenste Probleme bearbeiten zu können**, zum anderen aber auch die „kognitive Toleranz" (ebd., S. 18) und den **respektvollen Umgang mit fremden Denkschulen**.

Darüber hinaus stelle sich bei dieser Vorgehensweise ein „Erkenntnismehrwert" ein, diese Ansicht vertritt PETER WEICHHART als bekennender „Komplementaritäts-Idealist" (WEICHHART 2008a, S. 396). Die Idee hinter der vermuteten Komplementarität der Perspektiven ist einfach: **Theorien und Paradigmen** sind keine wechselseitigen Konkurrenten, vielmehr **ergänzen** sie **einander als Komplementoren**. In dieser Hinsicht produziere eine multi-perspektivische Sicht auf die „Welt" einen Mehrwert der Erkenntnis. Die **verschiedenen paradigmenspezifischen Modelle** erlauben die Beobachtung jeweils nur eines spezifischen Ausschnitts der „Realität". Auch wenn diese Theorien kaum oder gar nicht miteinander zu vergleichen oder wechselseitig zu übersetzen sind, so sei es im Einzelfall vielleicht möglich, sie **miteinander in Beziehung zu setzen**. Erst dann – so die optimistische Sicht PETER WEICHHARTS – „kommen wir dem Ziel, eine möglichst umfassende Darstellung der Räumlichkeit der sozialen Welt zu formulieren, einen kleinen Schritt näher" (ebd.). Offen bleiben muss dabei, was unter einer „umfassenden Darstellung" zu verstehen ist – z.B. wer entscheidet darüber, welche Aspekte der Realität für die Darstellung und das Verständnis entscheidend sind. Diese Perspektive ist ein **Beispiel für die Vorstellung der „allmählichen Entschleierung" der Wahrheit**, wie sie realistischen Positionen wie z.B. auch dem Kritischen Rationalismus KARL POPPERS unterliegt (siehe Kap. 2.2.2).

Erkenntnismehrwert durch Perspektivenvielfalt

3.2.3 Paradigmen in der Physiogeographie

Während die paradigmatischen Veränderungen in der Humangeographie in den letzten vier Jahrzehnten fast wie Pilze aus dem Boden schossen, erweisen sich die **Entwicklungen in der Physiogeographie** als **langsamer und überschaubarer**. Ob das ein Vor- oder Nachteil ist, bleibt an dieser Stelle dahingestellt. Es lässt sich jedoch eindeutig eine **geringere Beteiligung der Forschenden in der Physiogeographie an der Debatte** über die theoretischen Grundannehmen sowie die Potenziale und Grenzen unterschiedlicher theoretischer Positionen verzeichnen. Für die Physiogeographie trifft KUHNS Postulat von nur *einem* Paradigma pro Zeiteinheit offensichtlich eher zu. Abbildung 15 zeichnet anhand einer Analyse der Forschungsaktivitäten beispielhaft für die Geomorphologie die Entwicklungslinien verschiedener Paradigmen nach.

Keine multi-paradigmatische Entwicklung

Die erste geomorphologische Theorie, die die evolutionäre Entwicklung verschiedener Landschaftsformen erklären sollte, stammt von **WILLIAM MORRIS DAVIS** (1850–1934) Ende des 19. Jahrhunderts. Sein **Erosionszyklus** fokussierte auf eine regionale (makroskalige) Größenordnung, bei der DAVIS von **drei Grundannahmen** ausging (vgl. HARRISON in CLIFFORD et al. 2009, S. 252):

- **Abflussbecken von Flüssen** bilden die Basis für jegliche Erosion und sind damit die **zentrale geomorphologische Einheit**,
- die Veränderung einer Landschaft erfolgt **in großen Zeiträumen** und
- ist das **Produkt einer evolutionären Entwicklung**, in der der Wandel durch Abtragungsprozesse vorangetrieben wird, verschiedene Stadien durchläuft und **auf einen Endzustand** (die so genannte Peneplain) **hinausläuft**, in der keine Erosion mehr stattfinden kann.

Erste geomorphologische Modellbildung

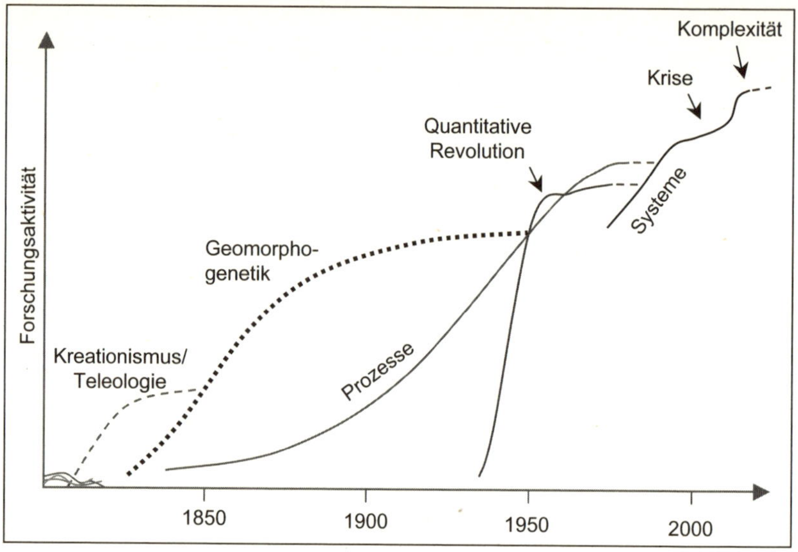

Abb. 15: Entwicklung der Paradigmen in der Geomorphologie seit dem 19. Jahrhundert anhand von Forschungsaktivitäten (nach RICHARDS 2002, S. 105 und DIKAU 2005, S. 98)

Die Theorie wurde wegen einer zu großen Einfachheit, der Unmöglichkeit der Falsifikation und einer zu starken qualitativen Ausrichtung umfassend kritisiert.

Quantitative Revolution

Vor allem im Zuge der Quantitativen Revolution (siehe Kap. 3.2.1), die in der zweiten Hälfte des 20. Jahrhunderts auch die Physische Geographie ergriff, vollzog sich – gleichsam als Antithese zu DAVIS (vgl. HARRISON in CLIFFORD et al. 2009, S. 253) – ein **Wandel hin zu einer Prozessmorphologie** auf der Basis von systemtheoretischen Vorstellungen und quantitativen Ansätzen mit mathematisch-statistischen Verfahren. Dadurch etablierte sich das **bis heute gültige Paradigma der Systemtheorien**, nicht nur in der Geomorphologie, sondern auch in den anderen Teilbereichen der Physischen Geographie.

Systeme in der Physischen Geographie

Unter einem System wird die **Gesamtheit von Elementen, Charakteristika oder Teilen** verstanden, die **aufeinander bezogen** sind und **miteinander wechselwirken**, so dass sie gegenüber einer Umwelt abgegrenzt werden können. Um ein System zu erkennen, muss man somit bereits vorher (bevor man es abgrenzt) nicht nur die Elemente kennen, sondern auch die Beziehungen zwischen ihnen (vgl. BERTALANFFY 1951, 1968). Für die Wissenschaft ist das ein recht schwieriges Unterfangen, da es nicht sinnvoll (und auch nicht durchführbar) ist, eine Analyse aller möglichen Elemente und Wechselwirkungen innerhalb eines vermuteten Systems vorzunehmen (vgl. ASHBY 1985, S. 69). Die **Systeme entstehen daher im „Auge der Forschenden"**, die die Grenzen der zu untersuchenden Systeme so ziehen, dass eine eindeutige Aussage im Sinne des Forschungsziels möglich wird.

Basis: Allgemeine Systemtheorie

Die Basis für das aktuelle Verständnis von Systemen in der Physiogeographie bildet die Allgemeine Systemtheorie, die von dem **österreichischen**

Biologen LUDWIG VON BERTALANFFY (1901–1972) in der Mitte des 20. Jahrhunderts als eine Art **Metatheorie für die Wissenschaften** schlechthin vorgeschlagen wurde. In Verbindung mit der etwa zeitgleich von dem US-amerikanischen Mathematiker NORBERT WIENER (1894–1964) entwickelten **Kybernetik** hat sich die Allgemeine Systemtheorie mittlerweile als eine allgemein akzeptierte Denkweise in den Wissenschaften sowie der Alltagswelt etabliert, so dass Begriffe wie *Input, Output,* Regelkreis, Rückkopplung, Steuerung, Gleichgewicht usw. uns allen geläufig sind. Der Systemansatz innerhalb der Physischen Geographie drückt sich vor allem in der **Produktion von begrifflichen Modellen** über die Einflussfaktoren verschiedener Phänomene **in Form von Diagrammen** mit Kästchen und Pfeilen aus (vgl. HARRISON in CLIFFORD et al. 2009, S. 252ff.). Mithilfe dieser Diagramme wird versucht, **einen Systemzusammenhang über beobachtete** (oder angenommene) **Variablen** einer Landschaft (Geomorphologie), der Atmosphäre (Klimatologie) oder eines Gewässers (Hydrologie) herzustellen, um so **Aussagen über mögliche Strukturen von Phänomenen** machen zu können. Diese so genannten **Kaskadensysteme** fokussieren auf die *Input-Output*-Beziehungen mit dem Ziel, zu verdeutlichen, dass die einzelnen Subsysteme miteinander verschachtelt sind und in einer Beziehung zueinander stehen (*„interfingering"*).

Isolierte, geschlossene und offene Systeme

Gemäß der **Regeln der Thermodynamik** lassen sich **drei unterschiedliche Typen von Systemen** in der physisch-materiellen Umwelt unterscheiden: (1) isolierte Systeme, die weder Masse noch Energie mit ihrer Umwelt austauschen (kommen in der Natur vermutlich nicht vor); (2) geschlossene Systeme, die zwar Energie, aber keine Masse mit ihrer Umwelt austauschen (z.B. in etwa unser Planet Erde); (3) offene System, die sowohl Masse als auch Energie mit ihrer Umwelt austauschen. In der Physiogeographie geht es vor allem um **offene Systeme**, bei denen über ***Input-Output*-Analysen** z.B. in der Geomorphologie versucht wird, den **Masse- und Energieumsatz von Systemen** zu ermitteln. Die Systemzusammenhänge selbst bleiben bei dieser Form der Betrachtung allerdings außen vor, denn das System selbst wird als eine *black box* oder *grey box* behandelt, in der zwar etwas stattfindet, jedoch weitgehend unklar bleibt, was (vgl. ELVERFELDT 2010).

Krise der Physischen Geographie: Suche nach Identität

Seit gut zwei Jahrzehnten befindet sich die Physische Geographie in einer Krise und auf einer neuen Suche nach der „Identität" des Faches (vgl. GARDNER 1996). Ein wesentlicher Grund für die Krise liegt in der **zunehmenden Fragmentierung des Faches** aufgrund der Spezialisierung der Forschenden in den Teilgebieten der Physischen Geographie, also in Geomorphologie, Klimatologie, Hydrologie, Biogeographie und Bodenkunde, so dass breit physiogeographisch ausgebildete Forschende nur noch selten zu finden sind. Die **Diagnose** einer Krise der Physischen Geographie **startete** vor allem **unter britischen Forschenden**, sie ist gleichwohl auch für die deutschsprachige Physiogeographie gültig. Die **Kritik** ist fundamental: Die meisten der **wesentlichen Neuerungen**, die das Denken in der Physischen Geographie verändert haben, kommen nicht aus dem Fach selbst, sondern **aus Nachbardisziplinen**, wie beispielsweise in den 1960er-Jahren die Allgemeine Systemtheorie und die Plattentektonik (ein Aspekt, in dem sich die Physiogeographie im Übrigen nicht von der Humangeographie unterscheidet). Beides wurde zwar weiterentwickelt (insbesondere die Systemtheorien, siehe Kap. 3.2.4), aber keineswegs durch fundierte Beiträge aus der Physiogeographie, die darüber hinaus **wesentliche Aspekte der Neuerungen** bislang **nicht zur Kenntnis nehmen**. Dazu kommt, dass nur noch wenige Forschende sich selbst als der Physischen Geographie zugehörig verstehen, sondern **um ihre Reputation in ihrem Spezialgebiet bemüht** sind. Die Debatte dreht sich vor allem um folgende Aspekte, die als **sich ausschließende Gegensätze** skizziert werden (vgl. ebd., S. 96 ff.):

1. **Breite versus Tiefe.** Ist eine Spezialisierung nur unter der Aufgabe des breiten Horizontes der Physiogeographie möglich und ist damit die Fragmentierung des Faches eine zwangsläufige Konsequenz daraus?
2. **Holistische versus reduktionistische Ansätze.** Welche Perspektive ist notwendig: Ein umfassender Blick auf die Zusammenhänge verschiedener Phänomene und Prozesse (verstanden als Mensch-Umwelt-Aspekte) oder die Analyse klein(st)er Ausschnitte (Geokompartimente) in der natürlichen Umwelt?
3. **Angewandte Forschung versus Grundlagenforschung** („*pure science*").
4. **Integration** in das Fach Physische Geographie **versus Fragmentierung** durch Spezialisierung in Teilaspekten.

Letztlich berühren diese Gegensätze auch die **Frage nach der Notwendigkeit der Inklusion oder Exklusion des Menschen** in die Fragestellungen der Physischen Geographie oder, wenn man es gerade im Hinblick auf die Mensch-Umwelt-Forschung weiter fasst, in die Fragestellungen der Naturwissenschaften überhaupt.

Kern oder „Minzbonbon"?

In ihrer Beschreibung der Entwicklungen in der Physischen Geographie verglich die britische Geomorphologin **Rita Gardner** das Fach aufgrund seiner **Fragmentierung** mit einem Minzbonbon („*polo mint*", Gardner 1996, S. 99), bei dem **alles Peripherie ist** und man keinen Kern finden kann. Andere dagegen bestehen darauf, dass jede Teildisziplin sehr wohl einen eigenen Forschungskern aufweise und Forschende der Physiogeographie Schwerpunkte in ihrer Arbeit setzen müssen, dabei aber die gesamte Physiogeographie im Blick halten sollen (vgl. z.B. Gregory 2000, S. 278 ff.). Olav Slaymaker und Tom Spencer schlagen als einen **Ausweg aus der Fragmentierung** des Faches eine **inhaltliche Fokussierung** vor. **Als neuer Kern** für die Physische Geographie sollen die **Phänomene und Prozesse des globalen Wandelns** dienen. So könnte sich die Physische Geographie bei aller Spezialisierung der Forschenden durch den gemeinsamen Forschungsfokus in einen modernen und gleichzeitig zeitgemäßen Kontext setzen (vgl. Slaymaker & Spencer 1998, S. xi, auch Slaymaker 2000) und auch zu humanökologischen Fragestellungen beitragen (siehe Kap. 3.2.4).

„Außerordentliche Forschung"

Das Fach ist aktuell also in Bewegung geraten und in der Folge erscheinen **Publikationen**, die sich – ganz gemäß der Analyse Kuhns über Normalwissenschaft und außergewöhnliche Forschung (siehe Kap. 3.1.1) – **mit den Grundlagen des eigenen Faches beschäftigen** (vgl. z.B. Harrison 2005, Inkpen 2005, Elverfeldt 2010), ihren Fokus auch auf **biographische und soziale Einflüsse** physiogeogaphischer Forschung richten (vgl. z.B. Trudgill & Roy 2003) und auf **Brüche in der internen Logik** physiogeographischer Erklärungsansätze oder auf **Inkonsistenzen** mit grundlegenden physikalischen Gesetzen hinweisen (z.B. Elverfeldt 2010). Dies bedeutet eine **grundle-**

gende Veränderung der Fragestellung: von einem „was" zu einem „warum". Damit deutet sich ein **paradigmatischer Wechsel** an.

Komplexitätstheorie als neues Paradigma?

Nimmt man die Forschungsaktivitäten als Anzeiger, dann zeichnet sich als neues Forschungsparadigma der Physischen Geographie die Komplexitätstheorie ab (vgl. RICHARDS 2002). Sie **schließt an die Allgemeine Systemtheorie** (und wäre in dieser Hinsicht eine Erweiterung des alten Paradigmas) und insbesondere **an die Chaosforschung der 1980er-Jahre an**, die zu der Erkenntnis beigetragen hat, dass kleinste Änderungen in den Ausgangsbedingungen zu überraschenden und nicht vorhersagbaren großen Wirkungen führen können. Auch sind es oft **sehr einfache Regeln, die sehr komplizierte Wirkungen hervorbringen** und so die Grundlage für komplexes Verhalten von Systemen bilden. Die Komplexitätstheorie **fokussiert** daher folgerichtig **auf nichtlineare Prozesse**, auf Vorgänge also, die Sprünge und Überraschungen in ihrem Verlauf aufweisen und die sich mit unseren bisherigen Gewissheiten und unseren Regeln auf der Basis von oft allzu einfachen Kausalitäten (siehe Kap. 2.2.4) nicht fassen lassen. Die Erweiterung des traditionellen systemtheoretischen Paradigmas um komplexitätstheoretische Ansätze führt **auf der inhaltlichen Ebene** zu einem **Wandel der Perspektive**: weg von der Analyse detaillierter Prozesse hin zu einer eher holistischen Betrachtung von Phänomenen. Und damit zeichnet sich eine wahre wissenschaftliche Revolution in der Physiogeographie ab (vgl. RICHARDS 2002, S. 104).

Der Mensch als wesentliche Einflussgröße

Bei der Suche nach einer neuen Identität für die Physische Geographie geht auch ein **Wandel im Menschenbild** einher. Ausgehend von der bisherigen Exklusion des Menschen aus der Physiogeographie, der allenfalls als „Störfaktor" eine Rolle spielte (vgl. HAMBLOCH 1986), wird nun versucht, **ihn in neueren Ansätzen zu inkludieren**. Die „neue Physische Geographie" beschäftigt sich – so beispielsweise das Credo des Lehrbuchs von RICHARD HUGGETT, SARAH LINDLEY, HELEN GAVIN und KATE RICHARDSON – auch mit dem Menschen, und zwar einerseits **als wesentliche Einflussgröße in den „natürlichen" Prozessen** und andererseits als denjenigen, **für den diese Wissenschaft überhaupt praktiziert wird** (vgl. HUGGETT et al. 2004, S. xiiff., SLAYMAKER 2000). Man könnte also von einer **„sozialwissenschaftlichen Orientierung" innerhalb der Physischen Geographie** sprechen, die mit der Suche nach einem neuen Paradigma einhergegangen ist und die mit der Komplexität vermutlich eine gute Antwort findet. Denn komplexitätstheoretische Ansätze lasen sich sowohl für soziale als auch für natürliche Phänomene anwenden.

3.2.4 Mensch-Umwelt-Beziehungen als (altes und) neues Paradigma einer „integrativen" Geographie?

Geographie als „Brückenfach"?

Der überwiegende Teil sowohl human- als auch physiogeographischer Arbeiten beschäftigt sich mit Fragen, die mit den **Beziehungen zwischen dem Menschen und seiner Umwelt** nichts zu tun haben. Angesichts der so genannten **Ökologischen Krise** und des **Globalen Wandels** gewinnt das Thema jedoch wieder **an Aktualität und Brisanz**. Nach einer langen Phase großer Technik- und (Natur-)Wissenschaftsgläubigkeit setzt sich allmählich die Erkenntnis durch, dass für die großen Fragen **weder rein naturwissenschaftliche noch rein sozial- oder geisteswissenschaftliche Ansätze** zu Erfolg versprechenden Lösungen führen werden, sondern vielmehr gemeinsame Anstrengungen unternommen werden müssen. So nimmt die Debatte über die Geographie als „Brückenfach", „integrative Disziplin" oder als „Schnittstellenfach" und damit als „Schlüsseldisziplin" für jede Art der Gesellschaft-Umwelt-Forschung wieder Fahrt auf (vgl. z.B. das Themenheft zum „Brückenfach Geographie" der geographischen revue, 2008/1 oder MÜLLER-MAHN & WARDENGA 2005), auch wenn die Analyse geographischer Arbeiten bislang **keinen Hinweis darauf** liefert, **dass eine gemeinsame Suche** nach Lösungen über die Kluft zwischen natur- und sozialwissenschaftlich arbeitender Geographie hinweg **tatsächlich stattfindet**. Mit dem Mythos vom Brückenfach wird behauptet, dass die Geographie in der Lage sei, die Verknüpfungen zwischen den beiden unterschiedlichen und als faktisch angenommenen **Seinssphären von Natur einerseits und Kultur andererseits** zu analysieren, deren Wechselwirkungen erklären und so ein **umfassendes Verständnis erdräumlicher Sachverhalte** erzielen und zu einem Management dieser Entwicklungen beitragen zu können (vgl. KÖCK 2008, dazu kritisch WEICHHART 2008b). Diesen Anspruch konnte die Geographie vielleicht noch vertreten, als „Landschaften" und „Länder" als verbindliche theoretische Grundlage einer „Einheitsgeographie" galten (siehe Kap. 3.2.1).

Dichotomie von „Natur" und „Kultur"

Spätestens mit der revolutionären Wende am Kieler Geographentag hat sich jedoch die **Spaltung der Geographie in zwei unabhängig voneinander arbeitende Teilbereiche** vollzogen, die eine Dichotomie von „Natur" und „Kultur" als unterschiedliche (und gegensätzliche) Seinssphären auch in der Geographie manifestierte. Diese **Dichotomie** hat eine so **lange Tradition in der abendländischen Denkweise**, dass sie kaum hinterfragbar scheint (vgl. EGNER 2008, S. 21 ff.). Die Probleme, denen sich die Weltgesellschaft aktuell ausgesetzt sieht, lassen sich letztlich alle auf die Frage nach dem Verhältnis dieser Dichotomie, genauer: nach dem Verhältnis von Gesellschaft und Natur, reduzieren. Nun ist die **Frage nach dem Verhältnis von Gesellschaft und Natur** aber **so generell**, das sie in ihrer Allgemeinheit nur noch von der Frage nach Gott und der Welt überboten wird (vgl. BECKER & JAHN 2006, S. 174). Und wie man sich nach den Überlegungen in Kapitel 2 denken kann, sind die **Begrifflichkeiten**, um die es geht, keineswegs klar und eindeutig, sondern wiederum **kontingent und kontextabhängig**. Ist Kultur als ein Teil der Natur zu begreifen? Oder Natur als Teil der Kultur? Wie verhalten sich die Begriffe „Natur" und „Umwelt" oder „Mensch" und „Gesellschaft" zueinander? Und in welchem Verhältnis sind Mensch, Gesellschaft und Natur (oder Umwelt?) zu denken? Die Antworten auf diese Fragen sind in hohem Maße von **erkenntnistheoretischen Aspekten** (siehe Kap. 2.2.2) mitbestimmt, **die** zudem die beiden Hauptarbeitsrichtungen **(Physio- und Humangeographie) weitgehend trennen**.

„Dritte Säule" der Geographie

Aus all diesen Gründen hält **PETER WEICHHART** es für **ausgeschlossen, dass sich die Geographie geschlossen als eine Gesellschaft-Umwelt-Forschung „reintegrieren"** wird (im Sinne des klassischen Einheitsgedankens der Geographie, gemeint als Physiogeographie + Humangeographie = Gesellschaft-Umwelt-Forschung, vgl. WEICHHART 2003). Vielmehr bildet der **Bereich der Mensch-Umwelt-Beziehungen** eine Art „Dritte Säule" der Geographie, in die sowohl phyisogeographische als auch humangeographische Aspekte hineinspielen, die aber durch ein eigenständiges Erkenntnisobjekt gekennzeichnet sind.

„Brückenfach" – auf welchen Pfeilern?

Einer gemeinsamen Suche nach Antworten auf die großen Fragen nach den Beziehungen zwischen dem Menschen und seiner Umwelt mithilfe von naturwissenschaftlichen *und* humanwissenschaftlichen Ansätzen steht bislang entgegen, dass **völlig unklar** ist, **auf welcher Grundlage eine gemeinsame Bearbeitung** denn **möglich** sein sollte. Welches könnten also die „Pfeiler" eines solchen „Brückenfaches" sein? Denkbar sind **drei unterschiedliche Ansätze**:

- Man sucht nach **gemeinsamen *Methoden***, mit denen sowohl die Gegenstände der naturwissenschaftlichen als auch der humanwissenschaftlichen Geographie analysierbar sind. Davon ist jedoch aus aktueller Sicht nicht auszugehen, da sich die **Methoden der beiden Teilbereiche** so weit **auseinanderentwickelt** und **für den jeweiligen Forschungsfokus bewährt** haben, dass eine gemeinsame Methode nur etwas wie der kleinste gemeinsame Nenner sein könnte, der für alle unbefriedigend bleiben muss. Analysen von Bohrkernen und Bodenproben haben schwerlich etwas gemeinsam mit Interviews oder teilnehmender Beobachtung. Allenfalls Kartierung und Zählung, als grundlegende Methoden beider Bereiche, könnten hier gelten. Allerdings gelangt man mit diesen Methoden bestenfalls zu deskriptiven Ergebnissen, **eine Analyse komplexer Sachverhalte lässt sich so nicht erreichen**.
- Man arbeitet an **gemeinsamen *Projekten*** (inhaltliche Übereinkunft). Dazu **bräuchte es geeignete Themen**, bei denen **materielle und soziale Phänomene einander überschneiden** und beeinflussen. Die klassischen Schwerpunkte humangeographischer Analyse sind jedoch losgelöst von physisch-materiellen Bedingtheiten, ebenso wie die Schwerpunkte physiogeographischer Arbeiten unabhängig von politischen, sozialen oder ökonomischen Entwicklungen sind. So haben weder Global Cities und ihre Dynamiken noch Standortentscheidungen von Unternehmen im Postfordismus, Kreative Milieus, Fragmentierung von Lebensstilen, Marketing von Innenstädten oder die Inszenierung von Tourismusdestinationen sowie „Themenorte" etwas mit den materiellen Gegebenheiten zu tun, die Gegenstand einer physiogeographischen Bearbeitung wären. Aber auch die inhaltliche Fokussierung auf geeignete Themen (z.B. Auswirkungen des globalen Wandels) gewährleistet noch keine Vorgehensweise, die zu einer gemeinsamen Suche nach Antworten führt, denn **bislang bestehen solche Studien** vor allem **aus lose zusammengesetzten Ergebnissen**, bei denen die **Integration offen** bleibt.
- Man sucht nach **Theorien**, die eine Analyse und Interpretation von Phänomenen sowohl des physisch-materiellen als auch des soziokulturellen, gesellschaftlichen Bereichs zulassen und somit gleichsam als **gemeinsame *„Hintergrundtheorie"*** für das integrative Vorgehen dient. Dies erscheint aus heutiger Sicht der vielversprechendste Weg, denn mit der Verständigung auf einen gemeinsamen theoretischen Denkrahmen können gleichzeitig die **Begriffe geklärt** und die **Hypothesen verstehbar auf-**

einander bezogen (siehe Kap. 2.1.2) sowie der **erkenntnistheoretische Horizont abgestimmt** werden.

Systemtheorien zweiter Ordnung als möglicher Ansatz integrativer Geographie

Einen theoretischen Denkrahmen als Hintergrundtheorie für integrative Geographie bieten möglicherweise Systemtheorien zweiter Ordnung (in Abgrenzung zur Allgemeinen Systemtheorie, wie sie in aller Kürze in Kapitel 3.2.3 skizziert wurde). Systemtheorien zweiter Ordnung **integrieren Überlegungen zu Autopoiesis** (Reproduktion von Sytemelementen, s.u.), **Selbstreferenz**, **Komplexität**, **Nichtlinearität** und wurden **sowohl in den Naturwissenschaften** (z.B. in der Biologie von MATURANA & VARELA 1980 und 2005; in der Mathematik von SPENCER-BROWN 1969/1997; in der Kybernetik von VON FOERSTER 1984 und 1995; oder in der Thermodynamik von PRIGOGINE 1982, PRIGOGINE & STENGERS 1988) **als auch in den Sozialwissenschaften** (hier vor allem in der Soziologie LUHMANN 1987 und 1998) **weiterentwickelt** (vgl. EGNER 2008, S. 53ff.). Es handelt sich um **Theorieansätze hoher Abstraktion und Komplexität**, die jedoch zunehmend ihren Weg in die Geographie finden (vgl. EGNER et al. 2008). Daher seien an dieser Stelle einige wesentliche Unterschiede zur Allgemeinen Systemtheorie aufgeführt.

Ausgangspunkt Differenz anstatt Einheit

In der Allgemeinen Systemtheorie bezeichnet ein System eine Einheit von bestimmten Charakteristika, Teilen oder Elementen. Systemtheorien zweiter Ordnung dagegen gehen nicht von Einheit, sondern von Differenz aus: der **Differenz zwischen dem System selbst und seiner Umwelt**. Um ein System zu beschreiben, muss man sowohl das System als auch seine Umwelt analysieren. Es sind die zwei Seiten einer Medaille, von denen keine ohne die andere näher bestimmbar ist. Die Unterscheidung zwischen System und Umwelt richtet den Blick auf beide Seiten (System und Umwelt), während die Allgemeine Systemtheorie die Elemente eines Systems und seine Beziehungen im Fokus hat.

Selbstorganisation Autopoiesis und Selbstreferenz von Systemen

Im Unterschied zu dem *Input-Blackbox-Output*-Verständnis der Allgemeinen Systemtheorie gehen moderne Ansätze von einer **Selbstorganisation bei der Entwicklung komplexer Systeme** aus. Selbstorganisation bedeutet, dass sich ein System die Struktur, die es zu einem System macht, selbst auferlegt und somit sowohl die formgebenenden, gestaltenden und verändernden Einflüsse von den Elementen des Systems selbst ausgehen. Eine weitere wesentliche Überlegung der Systemtheorien zweiter Ordnung lautet, dass – vor allem lebende, psychische und soziale – Systeme autopoietisch arbeiten, d.h. dass **alle Elemente**, aus denen sie bestehen, **von dem System selbst erzeugt** werden. Diese Überlegung liegt quer zu dem Verständnis von *Input-Output*-Analysen, erlaubt aber einen deutlich differenzierteren Blick auf den bislang als *black box* gehandhabten Bereich, nämlich das System selbst. Die Überlegungen zur Selbstreferenz von Systemen gehen dann noch einen deutlichen Schritt weiter als die Selbstorganisation. Sie **schreiben den Systemen eine Art „Bewusstsein" zu**, mit dem sie sich selbst von ihrer Umwelt abgrenzen. Selbstreferenzielle Systeme sind **autonome** (aber keineswegs autarke) **Gebilde, die sich** in all ihren Operationen **allein auf sich selbst** und nicht etwa auf ein anderes System und dessen Operationen oder die Umwelt **beziehen**. In der Perspektive der Systemtheorien zweiter Ordnung stellt die Selbstreferenz die Voraussetzung für die Systembildung dar und ist damit ein zentraler Aspekt. Über Autopoiesis und Selbstreferenz **ziehen Systeme die Grenzen zu ihrer Umwelt selbst** (im Gegensatz zur Allgemeinen Systemtheorie, bei der die Grenzen eines Systems durch einen Beobachter gezogen werden, der die Systemgrenzen je nach Untersuchungsfokus beliebig verschieben, erweitern oder verengen kann). Diese Überlegung führt zu einer **Paradoxie**: Es sind die Systeme selbst, die ihre Grenzen ziehen, allerdings kommen die Systeme – ganz im Sinne des **Radikalen Konstruktivismus** (siehe Kap. 2.2.2), deren erkenntnistheoretischer Horizont auch für die aufgeführten Argumentationslinien als Grundlage dient – erst durch unsere Beobachtung in die Welt.

Zukunftsperspektive

Die Konzeptionen der Systemtheorien zweiter Ordnung führen zu einer **grundlegenden Veränderung des (System-)Blicks auf die Welt**. Fragen der Steuerbarkeit und Einflussnahme natürlicher Systeme, ebenso wie das Menschenbild sowie das Verhältnis von Gesellschaft, Mensch und Umwelt erscheinen unter diesen Perspektiven in einem neuen Licht und **verlangen nach Neubewertung**. Ob sich mithilfe von systemtheoretischen Ansätzen zweiter Ordnung tatsächlich die Kluft zwischen naturwissenschaftlichen und sozialwissenschaftlichen Denkweisen und Ansätzen überwinden lassen wird, muss die zukünftige Arbeit zeigen. Die Geographie könnte dazu einen guten Beitrag leisten – wenn sie die **Auseinandersetzung mit Theorie sucht** und sich dadurch **für ihre empirische Arbeit inspirieren** lässt.

Literaturverzeichnis

ABELS, HEINZ (2009): Wirklichkeit. Wiesbaden.

ALTVATER, ELMAR & BIRGIT MAHNKOPF (2004[6]): Grenzen der Globalisierung. Münster.

ANGERMÜLLER, JOHANNES (2007): Nach dem Strukturalismus. Bielefeld.

ASHBY, WILLIAM ROSS (1985[2]): Eine Einführung in die Kybernetik. Frankfurt am Main.

ATTESLANDER, PETER (1984[5]): Methoden der empirischen Sozialforschung. Berlin, New York.

ATTESLANDER, PETER (2006[11]): Methoden der empirischen Sozialforschung. Berlin.

BAHRENBERG, GERHARD (1995): Der Bruch der modernen Geographie mit der Tradition. In: UTE WARDENGA & INGRID HÖNSCH (Hg.): Kontinuität und Diskontinuität der deutschen Geographie in Umbruchphasen. Münster, S. 151–159.

BAILER-JONES, DANIELA M. (2004): Realist-Sein im Blick auf naturwissenschaftliche Modelle. In: CHRISTOPH HALBIG & CHRISTIAN SUHM (Hg.): Was ist wirklich? Frankfurt am Main, S. 139–161.

BAILER-JONES, DANIELA M. (2005): The Difference between models and theories. In: CHRISTIAN NIMTZ & ANSGAR BECKERMANN (Hg.): Philosophie und/als Wissenschaft. Paderborn, S. 339–353.

BAILER-JONES, DANIELA M., MONIKA DULLSTEIN & SABINA PAUEN (Hg.) (2007): Kausales Denken. Paderborn.

BAILER-JONES, DANIELA M. & CORD FRIEBE (2009): Thomas Kuhn. Paderborn.

BARTELS, ANDREAS (2007): Wissenschaftlicher Realismus. In: ANDREAS BARTELS & MANFRED STÖCKLER (Hg.): Wissenschaftstheorie. Paderborn, S. 199–220.

BARTELS, DIETRICH (1968): Zur wissenschaftstheoretischen Grundlegung einer Geographie des Menschen. Wiesbaden.

BATHELT, HARALD & JOHANNES GLÜCKLER (2003[2]): Wirtschaftsgeographie. Stuttgart.

BECKER, EGON & THOMAS JAHN (2006): Soziale Ökologie. Frankfurt am Main, New York.

BELINA, BERND, ULRICH BEST & MATTHIAS NAUMANN (2009): Critical Geography in Germany: from exclusion to inclusion via internationalisation. In: Social Geography 4 (1), S. 47–58.

BELINA, BERND & BORIS MICHEL (Hg.) (2007): Raumproduktionen. Münster.

BERGER, PETER L. & THOMAS LUCKMANN (2009[22]): Die gesellschaftliche Konstruktion der Wirklichkeit. Frankfurt am Main.

BERRY, BRIAN, JOE LOBLEY, EDGAR C. CONKLING & DAVID MICHAEL RAY (1987): Economic geography. Englewood Cliffs/N.J.

BERTALANFFY, LUDWIG VON (1951): General System Theory. A New Approach to Unity of Science. In: Human biology 23 (4): 302–312.

BERTALANFFY, LUDWIG VON (1968): General system theory. Foundations, developments, applications. New York.

BIRD, JAMES (1993): The Changing Worlds of Geography. Oxford.

BIRNBACHER, DIETER (1991): Mensch und Natur. Grundzüge der ökologischen Ethik. In: KURT BAYETZ (Hg.): Praktische Philosophie. Reinbek, S. 278–321.

BLOTEVOGEL, HANS HEINRICH (1997): Einführung in die Wissenschaftstheorie. Duisburg.

BLOTEVOGEL, HANS HEINRICH (1998): Geographische Erzählungen zwischen Moderne und Postmoderne. Duisburg.

BLOTEVOGEL, HANS HEINRICH (2002): Geschichte der Geographie. In: ERNST BRUNOTTE, HANS GEBHARDT et al. (Hg.): Lexikon der Geographie. Heidelberg u. a., S. 38–40.

BLUMENBERG, HANS (1985[2]): Die Genesis der kopernikanischen Welt. Sechster Teil: Die kopernikanische Optik. Frankfurt am Main.

BOEHM, GOTTFRIED (2008): Wie Bilder Sinn erzeugen. Berlin.

BÖHME, HARTMUT (2004): Das Unsichtbare – Mediengeschichtliche Annäherungen an ein Problem neuzeitlicher Wissenschaft. In: SYBILLE KRÄMER (Hg.): Performativität und Medialität. München, S. 215–245.

BORSDORF, AXEL (1999): Geographisch denken und wissenschaftlich arbeiten. Gotha, Stuttgart.

BORTZ, JÜRGEN & NICOLA DÖRING (1995): Forschungsmethoden und Evaluation für Sozialwissenschaftler. Berlin, Heidelberg, New York.

BOURDIEU, PIERRE (1987): Die feinen Unterschiede. Frankfurt am Main.

BOURDIEU, PIERRE (1991): Physischer, sozialer und angeeigneter physischer Raum. In: MARTIN WENTZ (Hg.): Stadt-Räume. Frankfurt am Main, New York, S. 25–34.

BROGIATO, HEINZ PETER (2005): Geschichte der deutschen Geographie im 19. und 20. Jahrhundert. Ein Abriss. In: WINFRIED SCHENK & KONRAD SCHLIEPHAKE (Hg.): Allgemeine Anthropogeographie. Gotha, S. 41–81.

BROGIATO, HEINZ PETER, BERNHARD FRITSCHER & UTE

WARDENGA (2005): Visualisierungen in der deutschen Geographie des 19. Jahrhunderts. Die Beispiele Robert Schlagintweit und Hans Meyer. In: Berichte zur Wissenschaftsgeschichte 28, S. 237–254.

BURCHFIELD, JOE D. (1990 [1975]): Lord Kelvin and the Age of the Earth. Chicago.

BURCHFIELD, JOE D. (1998): The age of the earth and the invention of geological time. In: DEREK J. BLUNDELL & ANDREW C. SCOTT (Hg.): Lyell: the Past is the Key to the Present. London, S. 137–143.

BURRI, ALEX (2008): Die zwei Aspekte der Wahrheit. In: JAN-HENDRIK HEINRICHS (Hg.): Wahrheit in Wissenschaft und Ethik. Paderborn, S. 11–36.

CASTREE, NOEL (2005): Is geography a science? In: NOEL CASTREE, ALISDAIR ROGERS et al. (Hg.): Questioning Geography. Malden/MA u.a., S. 57–79.

CHALMERS, ALAN F. (2001): Wege der Wissenschaft. Heidelberg u.a.

CLARK, AUDREY N. (2002): The Penguin Dictionary of Geography. London.

CLIFFORD, NICHOLAS J., SARAH L. HOLLOWAY, STEPHEN R. RICE et al. (Hg.) (2009^2): Key Concepts in Geography. London u.a.

CUTLER, ALAN (2004): Die Muschel auf dem Berg. München.

DAHMS, HANS-JOACHIM (2008): Politisierung der Wissenschaft: die drei Positivismusstreite. In: REINHARD NECK (Hg.): Was bleibt vom Positivismusstreit? Frankfurt am Main, S. 19–40.

DAMBECK, HOLGER (2009): Anziehung im All: Physiker auf der Spur der unbekannten Kraft. In: Spiegel online, 25. Mai 2009, www.spiegel.de/wissenschaft/mensch/0,1518,624894,00.html (zuletzt besucht am 26.05.2009).

DEAR, PETER (2006): The Intelligibility of Nature. Chicago, London.

DEMERITT, DAVID (2002): What is the ‚social construction of nature'? A typology and sympathetic critique. In: Progress in Human Geography 26 (6), S. 767–790.

DIFA (DEUTSCHES INSTITUT FÜR ARMUTSBEKÄMPFUNG) (2009): Definition von Armut. Berlin, www.armut.de/definition-von-armut.php (zuletzt besucht am 03.07.2009).

DIKAU, RICHARD (2005): Geomorphologische Perspektiven integrativer Forschungsansätze in Physischer Geographie und Humangeographie. In: DETLEF MÜLLER-MAHN & UTE WARDENGA (Hg.): Möglichkeiten und Grenzen integrativer Forschungsansätze in Physischer Geographie und Humangeographie. Leipzig, S. 91–109.

DÖRING, JÖRG und TRISTAN THIELMANN (2008): Was lesen wir im Raum? Der Spatial Turn und das geheime Wissen der Geogaphen. In: JÖRG DÖRING und TRISTAN THIELMANN (Hg.): Spatial Turn. Das Raumparadigma in den Kultur- und Sozialwissenschaften, 7–45, Bielefeld.

DOHERTY, PETER (2008): So gewinnt man den Nobelpreis. Heidelberg.

EGNER, HEIKE (2006): Autopoiesis, Form und Beobachtung. Moderne Systemtheorien und ihr möglicher Beitrag für eine Integration von Human- und Physiogeographie. In: Mitteilungen der Österreichischen Geographischen Gesellschaft 148, S. 92–108.

EGNER, HEIKE (2008): Gesellschaft, Mensch, Umwelt – beobachtet. Stuttgart.

EGNER, HEIKE & ANDREAS POTT (Hg.) (2010): Geographische Risikoforschung. Stuttgart.

EGNER, HEIKE, BEATE M.W. RATTER & RICHARD DIKAU (Hg.) (2008): Umwelt als System – System als Umwelt? München.

EISEL, ULRICH (2009): Landschaft und Gesellschaft. Münster.

EISEL, ULRICH & HANS-DIETRICH SCHULTZ (2008): Klassische Geographie. Berlin.

ELVERFELDT, KIRSTEN VON (2010): Systemtheorie in der Geomorphologie. Dissertation, Universität Wien.

ENGLAND, PHLIP, PETER MOLNAR & FRANK RICHTER (2007): John Perry's neglected critique of Kelvin's age for the Earth: A missed opportunity in geodynamics. In: GSA Today 17 (1), S. 4–9 (doi: 10.1130/GSAT01701A.1).

ENGLER, FYNN OLE (2008): Realismus und Wissenschaft. Tübingen.

FOERSTER, HEINZ VON (1981): Das Konstruieren einer Wirklichkeit. In: PAUL WATZLAWIK (Hg.): Die erfundene Wirklichkeit. München, Zürich, S. 39–60.

FOERSTER, HEINZ VON (1984^2): Observing systems. Seaside.

FOERSTER, HEINZ VON (1995^2): Cybernetics of cybernetics. Minneapolis.

FOERSTER, HEINZ VON (2002): Understanding understanding. Berlin.

FOUCAULT, MICHEL (1982): Structuralism and poststructuralism. In: Telos 55, S. 195–211.

GANSLANDT, HERIBERT R. (1980): Positivismus (historisch). In: JÜRGEN MITTELSTRASS (Hg.): Enzyklopädie Philosophie und Wissenschaftstheorie. Mannheim, S. 301–303.

GARDNER, RITA (1996): Developments in Physical Geography. In: ELEANOR M. RAWLING & RICHARD A. DAUGHERTY (Hg.): Geography into the twenty-first century. Chichester, S. 95–112.

GARFINKEL, HAROLD (1981): Das Alltagswissen über soziale und innerhalb sozialer Strukturen. In: AR-

BEITSGRUPPE BIELEFELDER SOZIOLOGEN (Hg.): Alltagswissen, Interaktion und gesellschaftliche Wirklichkeit. Opladen, S. 189–262.

GIDDENS, ANTHONY (1997): Konsequenzen der Moderne. Frankfurt am Main.

GLASERSFELD, ERNST VON (1981): Einführung in den radikalen Konstruktivismus. In: PAUL WATZLAWIK (Hg.): Die erfundene Wirklichkeit. München, Zürich, S. 16–38.

GLASERSFELD, ERNST VON (1997): Radikaler Konstruktivismus. Frankfurt am Main.

GLASZE, GEORG & ANNIKA MATTISSEK (Hg.) (2009): Handbuch Diskurs und Raum. Bielefeld.

GLOY, KAREN (2004): Wahrheitstheorien. Eine Einführung. Tübingen, Basel.

GREGORY, KENNETH JOHN (2000): The changing nature of phyiscal geography. London.

HAAS, HANS-DIETER & SIMON-MARTIN NEUMAIR (2007): Wirtschaftsgeographie. Darmstadt.

HABERMAS, JÜRGEN (1973): Wahrheitstheorien. In: HELMUT FAHRENBACH (Hg.): Wirklichkeit und Reflexion. Pfullingen, S. 211–265.

HACKING, IAN (2002[3]): Was heißt ‚soziale Konstruktion'? Frankfurt am Main.

HÄNSSLER, BORIS (2009): Angriff auf Newton: Deutsche Physiker stellen Gravitationsgesetz in Frage. In: Spiegel online, 08.05.2009, www.spiegel.de/wissenschaft/weltall/0,1518,623652,00.html (zuletzt besucht am 12.05.2009).

HAMBLOCH, HERMANN (1986): Der Mensch als Störfaktor im Geosystem. Opladen.

HARD, GERHARD (1970): Die „Landschaft" der Sprache und die „Landschaft" der Geographen. Bonn.

HARD, GERHARD (1973): Die Geographie. Berlin, New York.

HARD, GERHARD (1990): „Was ist Geographie?" Re-Analyse einer Frage und ihrer möglichen Antworten. In: Geographische Zeitschrift 78 (1), S. 1–14.

HARD, GERHARD (2003): Dimensionen geographischen Denkens. Osnabrück.

HARD, GERHARD (2004): Von einem neuerdings erhobenen konfessionellen Ton in der Geographie. In: geographische revue (1), S. 39–54.

HARRISON, STEPHAN (2005): What kind of science is phyiscal geography? In: NOEL CASTREE, ALISDAIR ROGERS et al. (Hg.): Questioning Geography. Malden/MA u.a., S. 80–95.

HEINTZ, BETTINA & JÖRG HUBER (2001): Der verführerische Blick. Formen und Folgen wissenschaftlicher Visualisierungsstrategien. In: BETTINA HEINTZ & JÖRG HUBER (Hg.): Mit dem Auge denken. Wien, New York, S. 9–40.

HELD, CARSTEN (2008): Die Korrespondenztheorie der Wahrheit. In: JAN-HENDRIK HEINRICHS (Hg.): Wahrheit in Wissenschaft und Ethik. Paderborn, S. 37–40.

HESSLER, MARTINA (2006a): Der Imperativ der Sichtbarmachung. Zu einer Bildgeschichte der Unsichtbarkeit. In: Bildwelten des Wissens 4 (2), S. 69–79.

HESSLER, MARTINA (2006b): Einleitung. Annäherung an Wissenschaftsbilder. In: MARTINA HESSLER (Hg.): Konstruierte Sichtbarkeiten. München, S. 11–37.

HÖLDER, HELMUT (1989): Kurze Geschichte der Geologie und Paläontologie. Berlin u.a.

HOLT-JENSEN, ARILD (1999[3]): Geography. History and Concepts. London u.a.

HUGGETT, RICHARD, SARAH LINDLEY, HELEN GAVIN & KATE RICHARDSON (2004): Physical Geography. A Human Perspective. London.

HUMBOLDT, ALEXANDER VON (1990): Reise auf dem Rio Magdalena, durch die Anden und Mexico. Teil II: Übersetzung, Anmerkungen, Register. Übersetzt und bearbeitet von Margot Faak. Berlin.

INKPEN, ROB (2005): Science, Philosophie and Physical Geography. London, New York.

KAMBARTEL, FRIEDRICH (1980a): Empirismus. In: JÜRGEN MITTELSTRASS (Hg.): Enzyklopädie Philosophie und Wissenschaftstheorie. Mannheim, S. 542–543.

KAMBARTEL, FRIEDRICH (1980b): Positivismus (systematisch). In: JÜRGEN MITTELSTRASS (Hg.): Enzyklopädie Philosophie und Wissenschaftstheorie. Mannheim, S. 303–304.

KNORR-CETINA, KARIN (1989): Spielarten des Konstruktivismus. Einige Notizen und Anmerkungen. In: Soziale Welt 40 (1/2), S. 86–96.

KNORR-CETINA, KARIN (2002): Wissenskulturen. Frankfurt am Main.

KÖCK, HELMUTH (2008): Thesen zur innergeographischen Integration von natur- und sozialwissenschaftlicher Dimension als Voraussetzung für eine mögliche Brückenfunktion. In: geographische revue 10 (1), S. 31–39.

KÖNIG, RENÉ (1973): Handbuch der empirischen Sozialforschung. München.

KÖRNER, FRIEDRICH (1847): Die Methode des geographischen Unterrichts. In: Pädagogische Monatsschrift (1), S. 54–76.

KREISER, LOTHAR (1990): Wahrheit. In: HANS JÖRG SANDKÜHLER (Hg.): Europäische Enzyklopädie zu Philosophie und Wissenschaften. Hamburg, S. 746–760.

KUHN, THOMAS S. (1973/1967): Die Struktur wissenschaftlicher Revolutionen. Frankfurt am Main.

LAKATOS, IMRE (1974): Falsifikation und die Methodologie wissenschaftlicher Forschungsprogramme. In: IMRE LAKATOS & ALAN MUSGRAVE (Hg.): Kritik

und Erkenntnisfortschritt. Braunschweig, Wiesbaden, S. 89–189.
LAKATOS, IMRE (1982): Die Methodologie der wissenschaftlichen Forschungsprogramme. Braunschweig.
LESCH, WALTER (1996): Ökologisch-ethische Orientierung. In: RUTH KAUFMANN-HAYOZ & ANTONIETTA DI GIULIO (Hg.): Umweltproblem Mensch. Bern u.a., S. 371–390.
LESER, HARTMUT (Hg.) (1998[10]): Diercke-Wörterbuch Allgemeine Geographie. München.
LETHMATE, JÜRGEN (2000): Ökologie gehört zur Erdkunde – aber welche? Kritik geographiedidaktischer Ökologien. In: Die Erde 131 (1), S. 61–79.
LIEBERT, WOLF A. & THOMAS METTEN (2007): Mit Bildern lügen. Köln.
LINDLEY, DAVID (2004): Degrees Kelvin. A tale of genius, invention and tragedy. Washington, DC.
LORENZ, KUNO (1980): Logischer Empirismus. In: JÜRGEN MITTELSTRASS (Hg.): Enzyklopädie Philosophie und Wissenschaftstheorie. Mannheim, S. 543–544.
LUHMANN, NIKLAS (1987): Soziale Systeme: Grundriß einer allgemeinen Theorie. Frankfurt am Main.
LUHMANN, NIKLAS (1992a): Beobachtungen der Moderne. Opladen.
LUHMANN, NIKLAS (1992b): Die Wissenschaft der Gesellschaft. Frankfurt am Main.
LUHMANN, NIKLAS (1994): Der „Radikale Konstruktivismus" als Theorie der Massenmedien? Bemerkungen zu einer irreführenden Debatte. In: Communicatio Socialis 27 (1), S. 7–12.
LUHMANN, NIKLAS (1998): Die Gesellschaft der Gesellschaft. 2 Bände, Frankfurt am Main.
MARTIN, GEOFFREY J. (2005[4]): All possible worlds. New York u.a.
MATURANA, HUMBERTO R. (1982[2]): Erkennen. Braunschweig.
MATURANA, HUMBERTO R. & FRANCISCO J. VARELA (1980): Autopoiesis and cognition. Dordrecht u.a.
MATURANA, HUMBERTO R. & FRANCISCO J. VARELA (2005[12]): Der Baum der Erkenntnis. Die biologischen Wurzeln menschlichen Erkennens. München.
MERTON, ROBERT K. (1995): Soziologische Theorie und Sozialstruktur. Berlin u.a.
METZ, MANUEL, PAVEL KROUPA, CHRISITAN THEIS et al. (2009): Did the Milky Way Dwarf Satellites Enter the Halo as a Group? In: The Astrophysical Journal (697), S. 269–274.
MEYER-ABICH, KLAUS MICHAEL (2003): Warum machen wir das eigentlich? – Erkenntnisideale und erkenntnisleitende Gefühle in der Naturwissenschaft. In: GUNDA MATSCHONAT & ALEXANDER GERBER (Hg.): Wissenschaftstheoretische Perspektiven für die Umweltwissenschaften. Weikersheim, S. 165–195.
MOEBIUS, STEPHAN & ANDREAS RECKWITZ (2008): Poststrukturalismus und Sozialwissenschaften: Eine Standortbestimmung. In: STEPHAN MOEBIUS & ANDREAS RECKWITZ (Hg.): Poststrukturalistische Sozialwissenschaften. Frankfurt am Main, S. 7–23.
MÜLLER-MAHN, DETLEF & UTE WARDENGA (2005): Möglichkeiten und Grenzen integrativer Forschungsansätze in Physischer Geographie und Humangeographie. Leipzig.
NECK, REINHARD (2008): Was bleibt vom Positivismusstreit? Einleitung und Übersicht. In: REINHARD NECK (Hg.): Was bleibt vom Positivismusstreit? Frankfurt am Main, S. 11–18.
NISBETT, RICHARD E. & STUART VALINS (1971): Perceiving the causes of one's behavior. Morristown/N.J.
OPP, KARL-DIETER (2005[6]): Methodologie der Sozialwissenschaften. Wiesbaden.
PEIRCE, CHARLES SANDERS (1965): Pragmatism and pragmaticism. Cambridge/MA.
PICKERING, ANDREW (1984): Constructing Quarks. Edinburgh.
PIELKE JR., ROGER A. (2007): The honest broker. Cambridge.
PÖRKSEN, BERNHARD (2006): Die Beobachtung des Beobachters. Konstanz.
POHL, CHRISTIAN (2003): Zwischen Wissenschaft und Gesellschaft. In: GUNDA MATSCHONAT & ALEXANDER GERBER (Hg.): Wissenschaftstheoretische Perspektiven für die Umweltwissenschaften. Weikersheim, S. 145–164.
POPPER, KARL (1966/1934): Grundprobleme der Erkenntnislogik. In: KARL POPPER (Hg.): Logik der Forschung. Tübingen, S. 3–21.
POPPER, KARL (1984[4]): Objektive Erkenntnis. Hamburg.
POPPER, KARL (1994a): Von den Quellen unseres Wissens und unserer Unwissenheit. In: KARL POPPER (Hg.): Vermutungen und Widerlegungen. Teilband 1: Vermutungen. Tübingen, S. 2–44.
POPPER, KARL (1994b): Erkenntnistheorie: Logik der Forschung. In: KARL POPPER (Hg.): Ausgangspunkte. Hamburg, S. 108–119.
POTT, ANDREAS (2005): Kulturgeographie beobachtet. Probleme und Potentiale der geographischen Beobachtung von Kultur. In: Erdkunde 59 (2), S. 89–101.
PRIGOGINE, ILYA (1982): Vom Sein zum Werden. München.
PRIGOGINE, ILYA & ISABELLE STENGERS (1988[4]): Order out of chaos. Toronto.

PROCTOR, JAMES D. (1998): The Social Construction of Nature: Relavist Accusations, Pragmatist and Critical Realist Responses. In: Annals of the Association of American Geographers 88 (3), S. 352–376.

RATHMANN, JOACHIM (2008): Kausalität in der Systemtheorie: Ein Problemaufriß. In: HEIKE EGNER, BEATE M.W. RATTER & RICHARD DIKAU (Hg.): Umwelt als System – System als Umwelt? München, S. 55–71.

REGENBOGEN, ARMIN (1990): Frankfurter Schule. In: HANS JÖRG SANDKÜHLER (Hg.): Europäische Enzyklopädie zu Philosophie und Wissenschaften. Hamburg, S. 110–115.

REICHERTZ, JO (1995): Abduktives Schlußfolgern und Typen(re)konstruktion. Abgesang auf eine liebgewonnene Hoffnung. In: THOMAS JUNG & STEFAN MÜLLER-DOOHM (Hg.): „Wirklichkeit" im Deutungsprozeß. Frankfurt am Main, S. 258–282.

REICHERTZ, JO (2007): Die Spur des Fahnders. Wie Polizisten Spuren finden. In: SYBILLE KRÄMER, WERNER KOGGE et al. (Hg.): Spur. Spurenlesen als Orientierungstechnik und Wissenskunst. Frankfurt am Main, S. 309–332.

REICHHOLF, JOSEF H. (2009): Wehret den Anfängen. In: Forschung & Lehre 16 (3), S. 165.

RHEINBERGER, HANS-JÖRG (2006): Epistemologie des Konkreten. Frankfurt am Main.

RICHARDS, ANDREW (2002): Complexity in Physical Geography. In: Geography 87 (2), S. 99–107.

RIEDL, RUPERT (1981): Die Folgen des Ursachendenkens. In: PAUL WATZLAWIK (Hg.): Die erfundene Wirklichkeit. München, Zürich, S. 67–90.

RUSSELL, BERTRAND (1952): Über den Begriff der Ursache. In: BERTRAND RUSSELL (Hg.): Mystik und Logik. Wien, S. 181–208.

SACHSSE, HANS (1979): Kausalität – Gesetzlichkeit – Wahrscheinlichkeit. Darmstadt.

SALMON, WESLEY C. (1998): Scientific Explanation. Causation and Unification. In: WESLEY C. SALMON (Hg.): Causality and Explanation. New York, Oxford.

SCHMID, MARTIN (2007): Zur Rolle von Wissenschaft in einer vorsorgenden Gesellschaft. Ein normativer Entwurf am Beispiel historischer Wissenschaften. In: LARISSA KRAINER & RITA TRATTNIG (Hg.): Kulturelle Nachhaltigkeit. München, S. 369–394.

SCHRÖTER, JENS (2004): Das Ende der Welt. Analoge vs. digitale Bilder – mehr oder weniger ‚Realität'? In: JENS SCHRÖTER & ALEXANDER BÖHNKE (Hg.): Analog/Digital – Opposition oder Kontinuum? Bielefeld, S. 335–354.

SCHULTZ, HANS-DIETRICH (1980): Die deutschsprachige Geographie von 1800 bis 1970. Berlin.

SCHULTZ, HANS-DIETRICH (Bearb.) (2003a): ¿Geographie? Teil 1: Antworten vom 18. Jahrhundert bis zum Ersten Weltkrieg. Berlin.

SCHULTZ, HANS-DIETRICH (Bearb.) (2003b): ¿Geographie? Teil 2: Antworten von 1918 bis zur Gegenwart. Berlin.

SCHULTZ, HANS-DIETRICH (Bearb.) (2004): ¿Geographie? Teil 3 (Ergänzungsband): Antworten vom 18. Jahrhundert bis zur Gegenwart. Berlin.

SCHULTZ, HELGA (2009): Die kulturalistische Wende. Eine kritische Bilanz. In: LIFIS online (19.11.2009).

SCHURZ, GERHARD (2006): Einführung in die Wissenschaftstheorie. Darmstadt.

SCHURZ, GERHARD & PAUL WEINGARTNER (Hg.) (1998): Koexistenz rivalisierender Paradigmen. Opladen, Wiesbaden.

SLAYMAKER, OLAV (Hg.) (2000): Geomorphology, human activity and global environmental change. Chichester.

SLAYMAKER, OLAV & TOM SPENCER (1998): Physical geography and global environmental change. Harlow, Essex.

SOBEL, DAVA (1998): Längengrad. München.

SOKAL, ALAN (1996): Transgressing the Boundaries. Toward a Transformative Hermeneutics of Quantum Gravity. In: Social Text 14 (1–2), S. 217–252.

SOKAL, ALAN (1999): Die Grenzen überschreiten: Ein Nachwort. In: ALAN SOKAL & JEAN BRICMONT (Hg.): Eleganter Unsinn. München, S. 319–331.

SOKAL, ALAN & JEAN BRICMONT (1999): Eleganter Unsinn. München.

SONNE, WOLFGANG (2009): Ein Lob der Theorie. Wider den Fundamentalismus in den Wissenschaften. In: Forschung & Lehre 16 (4), S. 272–273.

SPENCER-BROWN, GEORGE (1969/1997): Laws of Form. Gesetze der Form. Lübeck.

STACHOWIAK, HERBERT (1973): Allgemeine Modelltheorie. Wien u.a.

STADLINGER, JÖRG (1990): Strukturalismus. In: HANS JÖRG SANDKÜHLER (Hg.): Europäische Enzyklopädie zu Philosophie und Wissenschaften. Hamburg, S. 466–474.

STEGMÜLLER, WOLFGANG (1973): Probleme und Resultate der Wissenschaftstheorie und Analytischen Philosophie II: Theorie und Erfahrung. Berlin, Heidelberg, New York.

STENGERS, ISABELLE (1998): Wem dient die Wissenschaft? München.

STÖLTZNER, MICHAEL & THOMAS UEBEL (Hg.) (2006): Wiener Kreis. Hamburg.

TAYLOR, PETER J. (1976): An Interpretation of the Quantification Debate in British Geography. In: Transactions of the Institute of British Geographers 1 (2), S. 129–142.

THOMSON, WILLIAM (1891): Popular Lectures and Addresses ,Vol 1. London.

TRUDGILL, STEPHEN & ANDRé ROY (Hg.) (2003): Contemporary Meanings in Physical Geography. London.

UHLIG, HARALD (1970): Organisationsplan der Geographie. In: Geoforum 1 (1): 19–52.

UNIVERSITÄT WIEN (2009): Studie stürzt Standardtheorie der Kosmologie in die Krise. Presseerklärung vom 08.05.2009, http://public.univie.ac.at/index.php?id=6091&no_cache=1 (zuletzt besucht am 20.08.2009).

VALENTINE, GILL (2005): Geography and ethics: moral geographies? Ethical commitment in research and teaching. In: Progress in Human Geography 29 (4), S. 483–487.

WALDENFELS, BERNHARD (1999): Topographie des Fremden. Studien zur Phänomenologie des Fremden 1. Frankfurt am Main.

WARDENGA, UTE (1991): Geographie als Chorologie. Stuttgart.

WARDENGA, UTE (2001): Zur Konstruktion von Raum und Politik in der Geographie des 20. Jahrhunderts. In: PAUL REUBER (Hg.): Politische Geographie. Heidelberg, S. 17–32.

WARDENGA, UTE (2006a): Zwischen Innovation und Tradition: Geographische Siedlungsforschung in den 1960er Jahren. In: Siedlungsforschung 24, S. 35–49.

WARDENGA, UTE (2006b): Raum- und Kulturbegriffe in der Geographie. In: MIRKA DICKEL & DETLEF KANWISCHER (Hg.): TatOrte. Münster, S. 21–47.

WATZLAWIK, PAUL (Hg.) (1981): Die erfundene Wirklichkeit. München, Zürich.

WEBER, MAX (1988/1922): Der Sinn der „Wertfreiheit" der soziologischen und ökonomischen Wissenschaften. In: MAX WEBER (Hg.): Gesammelte Aufsätze zur Wissenschaftslehre. Tübingen, S. 489–540.

WEICHHART, PETER (1975): Geographie im Umbruch. Wien.

WEICHHART, PETER (1986): Ethische Probleme und Fragen der Verantwortung in der Geographie. In: Mitteilungen der Österreichischen Geographischen Gesellschaft 128, S. 5–33.

WEICHHART, PETER (1993): Vom „Räumeln" in der Geographie und anderen Disziplinen. Einige Thesen zum Raumaspekt sozialer Probleme. In: JÖRG MAYER (Hg.): Die aufgeräumte Welt. Rehburg-Loccum, S. 225–242.

WEICHHART, PETER (2000): Geographie als Multi-Paradigmen-Spiel. Eine post-kuhnsche Perspektive. In: HANS HEINRICH BLOTEVOGEL, JÜRGEN OSSENBRÜGE & GERALD WOOD (Hg.): Lokal verankert – weltweit vernetzt. Stuttgart, S. 479–488.

WEICHHART, PETER (2003): Physische Geographie und Humangeographie – eine schwierige Beziehung. In: GÜNTER HEINRITZ (Hg.): Integrative Ansätze in der Geographie – Vorbild oder Trugbild? Passau, S. 17–34.

WEICHHART, PETER (2004): Paradigmenvielfalt in der Humangeographie – Neue Unübersichtlichkeit oder Multiperspektivität. In: CHRISTIAN VIELHABER (Hg.): Fachdidaktik alternativ – innovativ. Wien, S. 11–19.

WEICHHART, PETER (2008a): Entwicklungslinien der Sozialgeographie. Stuttgart.

WEICHHART, PETER (2008b): Der Mythos vom „Brückenfach". In: geographische revue 10 (1), S. 59–69.

WERLEN, BENNO (1998): Gibt es eine Geographie ohne Raum? Zum Verhältnis von traditioneller Geographie und spätmoderner Gesellschaften. In: PETER SEDLACEK & BENNO WERLEN (Hg.): Texte zur handlungstheoretischen Geographie. Jena, S. 103–126.

WERLEN, BENNO (2000): Sozialgeographie. Bern, Stuttgart, Wien.

WERLEN, BENNO (2009): Vorwort: Geographie als kritische Wissenschaft. In: ULRICH EISEL (Hg.): Landschaft und Gesellschaft. Münster, S. 10–14.

WIRTH, EUGEN (1979): Theoretische Geographie. Stuttgart.

WIRTH, UWE (1995): Abduktion und ihre Anwendungen. In: Zeitschrift für Semiotik (17), S. 405–424.

Register